Metodologia do ensino de geografia

O selo DIALÓGICA da Editora InterSaberes faz referência às publicações que privilegiam uma linguagem na qual o autor dialoga com o leitor por meio de recursos textuais e visuais, o que torna o conteúdo muito mais dinâmico. São livros que criam um ambiente de interação com o leitor – seu universo cultural, social e de elaboração de conhecimentos –, possibilitando um real processo de interlocução para que a comunicação se efetive.

Maria Eneida Fantin
Neusa Maria Tauscheck
Diogo Labiak Neves

Metodologia do ensino de geografia

Informamos que é de inteira responsabilidade dos autores a emissão de conceitos.

Nenhuma parte desta publicação poderá ser reproduzida por qualquer meio ou forma sem a prévia autorização da Editora InterSaberes.

A violação dos direitos autorais é crime estabelecido na Lei nº 9.610/1998 e punido pelo art. 184 do Código Penal.

Foi feito depósito legal.

1ª edição 2013

Lindsay Azambuja
EDITORA-CHEFE

Ariadne Nunes Wenger
SUPERVISORA EDITORIAL

Ariel Martins
ANALISTA EDITORIAL

Wlader Bogarin
ANÁLISE DE INFORMAÇÃO

Monique Gonçalves
REVISÃO DE TEXTO

Denis Kaio Tanaami
CAPA

Raphael Bernadelli
PROJETO GRÁFICO

Regiane Rosa
ADAPTAÇÃO DE PROJETO GRÁFICO

Danielle Cristina Scholtz
ICONOGRAFIA

Dados Internacionais de Catalogação na Publicação (CIP)
(Câmara Brasileira do Livro, SP, Brasil)

Fantin, Maria Eneida
 Metodologia do ensino de geografia / Maria Eneida Fantin, Neusa Maria Tauscheck, Diogo Labiak Neves. – Curitiba: InterSaberes, 2013. – (Série Metodologias).

 Bibliografia.
 ISBN 978-85-8212-597-7

 1. Geografia (Ensino fundamental) – Estudo e ensino 2. Professores – Formação I. Tauscheck, Neusa Maria. II. Neves, Diogo Labiak. III. Título. IV. Série

12-09971 CDD-372.891

Índices para catálogo sistemático:
1. Geografia: Ensino fundamental 372.891

EDITORA
intersaberes

Rua Clara Vendramin, 58 . Mossunguê
CEP 81200-170 . Curitiba . PR . Brasil
Fone: (41) 2106-4170
www.intersaberes.com
editora@editoraintersaberes.com.br

CONSELHO EDITORIAL
DR. IVO JOSÉ BOTH (PRESIDENTE)
DRª ELENA GODOY
DR. NELSON LUÍS DIAS
DR. NERI DOS SANTOS
DR. ULF GREGOR BARANOW

Organização didático-pedagógica, 7

Apresentação, 11

Introdução, 15

um
O que é geografia? O que estuda?
Qual a importância teórica e política desse saber?, 17

dois
As abordagens teórico-metodológicas da geografia
e os interesses políticos – breve histórico, 33

três
Reflexões iniciais sobre o currículo e o ensino
da geografia na educação infantil e nos anos iniciais
do ensino fundamental, 67

quatro
Ler o espaço geográfico:
a formação de conceitos, 93

cinco
A alfabetização cartográfica: sua importância
para a compreensão/leitura do espaço geográfico, 115

seis
Recursos e metodologias para
o ensino da geografia, 135

Considerações finais, 161

Glossário, 163

Referências, 173

Bibliografia comentada, 179

Respostas, 183

Sobre os autores, 189

organização didático-pedagógica

Esta seção tem a finalidade de apresentar os recursos de aprendizagem utilizados no decorrer da obra, de modo a evidenciar os aspectos didático-pedagógicos que nortearam o planejamento do material e como o aluno/leitor pode tirar o melhor proveito dos conteúdos para seu aprendizado.

Introdução do capítulo

Logo na abertura do capítulo, você é informado a respeito dos conteúdos que nele serão abordados, bem como dos objetivos que os autores pretendem alcançar.

> Escolhemos começar as discussões propostas para esta obra por essas perguntas, na tentativa de refletir sobre a geografia e o seu objeto de estudo.
>
> Aquelas questões podem não parecer complexas em princípio, mas, se desafiarmos um pequeno grupo de pessoas a respondê-las, certamente não haverá uma unidade nas respostas. Teremos, sim, uma lista de objetos de estudo da geografia, abrangendo temas da dinâmica da natureza, da dinâmica social e até das ciências exatas.
>
> Será que com outras disciplinas do currículo escolar, como a história, a língua portuguesa, a matemática, também haverá respostas plurais ou este é um problema mais evidente quando se trata da geografia?
>
> Como professores/educadores, precisamos ter clareza a respeito dos saberes que ensinamos. Daí a relevância e a complexidade da reflexão proposta. Como posso querer "ensinar" uma disciplina se não compreendo

Síntese

Você conta nesta seção com um recurso que instiga a fazer uma reflexão sobre os conteúdos estudados, de modo a contribuir para que as conclusões a que você chegou sejam reafirmadas ou redefinidas.

> SÍNTESE
>
> No capítulo 1, abordamos questões referentes à problematização inicial: O que é geografia? O que estuda? Qual a importância teórica e política desse saber?
>
> › Ensinar uma disciplina escolar remete à compreensão do seu papel no currículo, seus objetivos políticos-pedagógicos e sua importância na formação do aluno.
> › A geografia estuda o espaço geográfico em qualquer escala (local, regional, nacional e global) e numa perspectiva relacional.
> › A geografia não é apenas a ciência da localização e da descrição dos fenômenos. Muito mais que isso, ela investiga a ação humana modelando a superfície terrestre, em parceria e/ou oposição à natureza, materializando em tempos históricos sobrepostos.
> › Para orientar o pensamento pedagógico na busca pela compreensão da especificidade da geografia, sugerimos que as seguintes questões sejam feitas: onde é como é o lugar? (capacidade de localização e descrição do lugar), por que ele é e está dessa maneira? (envolve aspectos culturais, sociais e naturais e históricos do lugar) e, por fim, que relações este lugar estabelece com lugares diferentes? por que ele estabelece estas e não outras relações? (exige reflexões acerca das relações econômicas e políticas do lugar com o mundo.)
> › Os conteúdos das aulas são meios para desenvolver o raciocínio geográfico, organizado em dois grandes eixos: a formação de conceitos relacionados ao espaço geográfico e a alfabetização cartográfica.

Indicações culturais

Ao final do capítulo, os autores lhe oferecem algumas indicações de livros, filmes ou sites que podem ajudá-lo a refletir sobre os conteúdos estudados e permitir o aprofundamento em seu processo de aprendizagem.

> com a globalização. Por conta dessas mudanças políticas, econômicas, sociais e culturais que mudaram a ordem de relações entre os países e os lugares, os conceitos de região, território, lugar e paisagem sofreram alterações importantes e até hoje, centrais para o ensino da geografia.
>
> INDICAÇÕES CULTURAIS
>
> LIVRO
>
> CUNHA, E. da. Os sertões: a campanha de Canudos. São Paulo: Ateliê Editorial, 2001.
>
> *Os sertões*, de Euclides da Cunha, é um clássico da literatura brasileira e traz uma rica descrição do espaço geográfico do nordeste, à moda da melhor geografia tradicional ensinada na maioria das escolas brasileiras por várias décadas do século XX.
>
> FILME
>
> AS MONTANHAS da Lua. Direção: Bob Rafelson. Produção: Carolco Pictures; IndieProd Company Productions; Zephyr Films Ltd. EUA: Tel Video; 20.20 Vision, 1990. 136 min.
>
> *As montanhas da Lua* conta a história de dois pesquisadores rivais, cujo objetivo é encontrar a nascente do rio Nilo. Eles são vinculados a duas sociedades geográficas europeias, instituições que no século XIX eram financiadas pelos

Atividades de autoavaliação

Com estas questões objetivas, você mesmo tem a oportunidade de verificar o grau de assimilação dos conceitos examinados, motivando-se a progredir em seus estudos e a preparar-se para outras atividades avaliativas.

Atividades de aprendizagem

Aqui você dispõe de questões cujo objetivo é levá-lo a analisar criticamente um determinado assunto e aproximar conhecimentos teóricos e práticos.

Bibliografia comentada

Nesta seção, você encontra comentários acerca de algumas obras de referência para o estudo dos temas examinados.

apresentação

A obra que apresentamos aqui é um esforço no sentido de sistematizar ideias consideradas centrais para a discussão sobre o ensino da geografia nos anos iniciais do ensino fundamental. Estamos cientes de que outras questões poderiam ser incluídas por serem relevantes para o debate que se propõe. Porém, é preciso fazer escolhas teóricas e metodológicas. As nossas escolhas concretizaram este livro.

No primeiro capítulo pretendemos que o futuro profissional da educação reflita sobre o objeto de estudo da geografia e sobre a importância teórica e política dessa disciplina curricular. Nossas provocações estimulam os alunos do curso de Pedagogia a distância a encontrarem, nas lembranças de suas vivências escolares, o significado que a aprendizagem dos conteúdos geográficos teve em suas formações. Além disso, nosso objetivo nesse capítulo é demonstrar que, para se ensinar um determinado saber, é preciso antes superar as limitações que se tem sobre ele.

No segundo capítulo faremos uma breve apresentação da epistemologia da geografia, na tentativa de contextualizar historicamente o surgimento e a argumentação teórica e política das principais linhas de pensamento geográfico. Consideramos esse conhecimento indispensável ao profissional da educação para que reconheça e construa sua prática pedagógica de forma consciente.

No terceiro capítulo abordaremos questões que tratam do currículo e do ensino da geografia. A discussão sobre o currículo e a sua escrita tenciona servir de sustentação teórica e metodológica ao trabalho pedagógico. O papel da geografia nos currículos refere-se à possibilidade de essa disciplina de tradição curricular desenvolver a compreensão do espaço geográfico por meio da formação de conceitos e da alfabetização cartográfica.

O quarto capítulo tratará do quadro teórico conceitual com o qual a geografia crítica trabalha hoje, nos chamados "tempos de globalização". Os conceitos apresentados são indicados como fundamentais em diversas proposições curriculares e o significado dado a eles, neste livro, tem relação com a linha político-pedagógica na qual se baseiam os autores.

No quinto capítulo traremos a abordagem da iniciação cartográfica em sala de aula. Na compreensão da alfabetização cartográfica abordaremos dois eixos norteadores da nossa construção. O primeiro é a possibilidade da utilização da maquete e a construção da planta da sala de aula como instrumentos educativos. Em um segundo momento, trabalharemos com a relação de mapas sobrepostos para esta alfabetização cartográfica.

Finalmente, no sexto capítulo abordaremos concepções práticas e cotidianas para a as aulas de geografia. Dentro das visões que lhe apresentaremos, em diversos momentos colocaremos as nossas angústias quanto às suas utilizações. Com as metodologias e as práticas diferenciadas para as aulas de geografia, teremos de ter clareza dos nossos objetivos a serem alcançados.

Esperamos, com este livro, contribuir para a reflexão dos temas abordados. As perguntas que você conseguir elaborar a partir da leitura deste material são importantes porque pressupõem a interlocução com o livro e com as aulas. As respostas são necessárias, mas nem sempre serão definitivas, pois o conhecimento está em constante reelaboração.

Bons estudos!

introdução

Prezado aluno, se você já se dispôs a abrir este livro é porque algo o inquieta. Certamente você tem ânsia de conhecimento e uma vontade de aprender cada vez maior. Isso é muito importante. Os avanços tecnológicos nos permitem, hoje, um mundo de conhecimento que há alguns anos seria impensável, como este curso de Pedagogia a distância.

Como veremos no decorrer deste material, a geografia é um dos ramos do conhecimento que mais sofrem variações ao longo da nossa vida. Isso se deve a dois fatores. Primeiramente a constante mutação dos elementos estudados por esta disciplina (mais adiante, veremos isto com mais calma). Em segundo lugar, a mudança brusca da geografia que estudamos no ensino superior para a geografia que estudamos nas escolas. Nos bancos escolares tínhamos uma disciplina de geografia enfadonha, monótona e repetitiva. Vocês poderão ver que essa matéria e seus conceitos têm mudado muito nos últimos tempos. Principalmente quando pensamos na construção pedagógica do cidadão que queremos que faça parte do nosso futuro.

Se, por algum tempo, essa disciplina escolar foi a base para a alienação e a manipulação social e política dos nossos alunos, hoje ela tem como base e princípio a construção do cidadão que ajudará a compreender o mundo em que vive da maneira mais completa possível. A consciência (educacional) praticada no ambiente escolar gradativamente tem deslocado práticas defasadas desta disciplina para fora das escolas.

É com a ideia de repensar a geografia e as suas práticas que lhe apresentamos este material. Aqui poderemos ver o que está disposto na nova onda do pensamento acadêmico geográfico e as suas implicações nas escolas. Além disto, esperamos dar uma grande contribuição para ampliar a sua leitura do espaço e as correlações que podem ser feitas. Finalmente, abordaremos as práticas e as possibilidades escolares dessa intrigante disciplina.

um...

O que é geografia?
O que estuda?
Qual a importância teórica e política desse saber?

Escolhemos começar as discussões propostas para esta obra por essas perguntas, na tentativa de refletir sobre a geografia e o seu objeto de estudo.

Essas questões podem não parecer complexas em princípio, mas, se desafiarmos um pequeno grupo de pessoas a respondê-las, certamente não haverá uma unidade nas respostas. Teremos, sim, uma lista de objetos de estudo da geografia, abrangendo temas da dinâmica da natureza, da dinâmica social e até das ciências exatas.

Será que com outras disciplinas do currículo escolar, como a história, a língua portuguesa, a matemática, também haverá respostas plurais ou este é um problema mais evidente quando se trata da geografia?

Como professores/educadores, precisamos ter clareza a respeito dos saberes que ensinamos. Daí a relevância e a complexidade da reflexão proposta. Como posso querer "ensinar" uma disciplina se não compreendo seu papel no currículo, seus objetivos político-pedagógicos e sua importância na formação de alunos/sujeitos?

Cavalcanti propõe um caminho para orientar o pensamento pedagógico na busca da compreensão da especificidade da geografia. A reflexão proposta por essa autora vai ao encontro daquelas questões. Em suas palavras,

> *Uma das propostas de se conceber a especificidade da geografia, que me parece bastante rica e que encaminha uma outra abordagem de conteúdo nas aulas dessa disciplina, é a de que sua perspectiva é a de responder às perguntas: onde e por que nesse lugar? (Foucher, 1989). Essa ideia é esclarecedora dos objetivos da geografia porque orienta os trabalhos para acentuar uma perspectiva particular dessa disciplina, que é a localização. Além disso, é uma abordagem interessante porque destaca a necessidade de se justificar essa localização, ou seja, ir além da descrição de aspectos (da estrutura padrão) dos lugares e buscar sua significação – para isso são necessárias referências teóricas, conceituais. Para entender a significação dos lugares, outro aspecto a acrescentar é a preocupação com a seguinte questão: como é este lugar? Com a referência destas três perguntas, pode-se estruturar um determinado conteúdo geográfico, o que certamente obriga a considerar em conjunto os convencionais aspectos físicos, humanos, econômicos, que poderiam ser relocados sob formas mais complexas e globalizantes, como aspectos culturais, ambientais, geopolíticos**. (Cavalcanti, 2002)

---

* Outros autores reforçam a importância das reflexões sobre o conceito de lugar, tanto no ensino quanto nas pesquisas acadêmicas. Por exemplo: SANTOS, M. A natureza do espaço: técnica e tempo razão e emoção. São Paulo: Hucitec, 1996. CARLOS, A. F. A. O lugar no/do mundo. São Paulo: Contexto, 1996.

Partindo de uma leitura atenta da citação de Cavalcanti, reflita sobre:

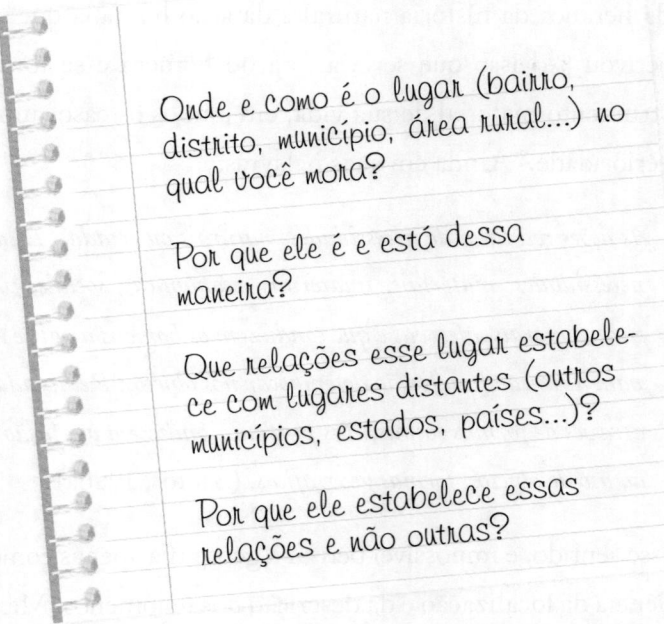

Onde e como é o lugar (bairro, distrito, município, área rural...) no qual você mora?

Por que ele é e está dessa maneira?

Que relações esse lugar estabelece com lugares distantes (outros municípios, estados, países...)?

Por que ele estabelece essas relações e não outras?

Observe que a primeira das questões propostas exige a capacidade de localização e descrição do lugar. A segunda envolve os aspectos culturais, sociais, naturais e históricos do lugar. Finalmente, a terceira questão requisita reflexões acerca das relações econômicas e políticas do lugar com o mundo e exige pesquisa para ser respondida. Questões como essas convidam o leitor a exercitar o pensamento geográfico.

A geografia estuda o espaço geográfico, em qualquer escala (local, regional, nacional, global) e numa perspectiva relacional. De acordo com Santos (1996a), esse espaço (geográfico) é composto de materialidade (natural e construída) e de relações sociais, políticas, econômicas, culturais. Em sua obra, o autor define espaço geográfico como sistemas de objetos mais sistemas de ações. Para ele, os objetos são a materialidade, "tudo o que existe na superfície da Terra, toda herança da história natural e da ação humana que se objetivou [...] isso que se cria fora do homem e se torna instrumento material de sua vida, em ambos os casos uma exterioridade." Ainda em suas palavras:

> *As ações resultam de necessidades, naturais ou criadas. Essas necessidades: materiais, imateriais, econômicas, sociais, culturais, morais, afetivas é que conduzem os homens a agir e levam à função [que], vão desembocar nos objetos. Realizadas através de formas sociais, elas próprias conduzem à criação e ao uso de objetos, formas geográficas.* (Santos, 1996a)

Nesse sentido, é impossível pensar a geografia apenas como a ciência da localização e da descrição dos fenômenos. Mais que isso, ela investiga a ação humana (em suas relações complexas) modelando a superfície terrestre, em parceria e/ou oposição à natureza, materializando tempos históricos sobrepostos. Por essas características, o pensar geográfico requer treinamento, atenção e investigação.

Se você quiser pensar geograficamente o lugar em que mora, deverá refletir sobre as construções (objetos técnicos) como prédios, casas, pontes, usinas, fábricas, rodovias, praças, escolas, entre outras. São todas da mesma idade? Ou foram construídas em períodos históricos diferentes? A que funções serviam inicialmente? Que relações sociais possibilitavam? E hoje, para que servem? Quem os ocupa/usa? Quem é excluído deles?

Será preciso refletir também sobre que base natural esses objetos técnicos foram construídos (planície, planalto, vale, depressão, morro) e que tipo de influência essa base exerceu na paisagem desse lugar? Havia alguma cobertura vegetal anterior à ocupação desse lugar? O que aconteceu com ela?

Essas e outras considerações – tipo de clima, origem étnica dos habitantes, motivações históricas para a ocupação do lugar, atividade produtiva ali desenvolvida, relações econômicas e culturais que estabelece com outros lugares – são fundamentais para a compreensão do espaço geográfico de qualquer lugar. A partir desse raciocínio, fica mais fácil pensar sobre "para que serve o saber geográfico?".

A análise geográfica do lugar no qual moramos pressupõe (para além da observação e da descrição) investigações históricas, sociais, econômicas, políticas, culturais etc. Melhor ainda, para entender geograficamente o "seu" lugar, você precisa estabelecer relações entre a materialidade que o constitui e a dinâmica social que produziu tal materialidade e dela faz uso..

A partir dessas reflexões iniciais, enfocaremos agora, especificamente, a importância teórica e política do ensino da geografia.

De acordo com Pereira (1994), na escola (sobretudo no ensino fundamental), o objetivo geral da geografia é alfabetizar o aluno para a leitura do espaço geográfico. Esse é o seu papel na educação e é o que garante sua identidade. Segundo o autor, a alfabetização geográfica torna o espaço objeto do conhecimento. Faz entender a estrutura e a organização da materialidade do espaço como derivadas sociais. Então, ler o espaço geográfico é compreender a sociedade e a realidade através do estudo de sua fisicidade, que é, antes de qualquer coisa, uma construção social e histórica.

No entanto, para que o aluno leia o espaço geográfico, é preciso que se aproprie do instrumental teórico da geografia. Para isso, faz-se necessário organizar o pensamento pedagógico a partir do objetivo geral do ensino da geografia, anteriormente mencionado, elencando objetivos específicos, que orientarão a escolha dos conteúdos e da metodologia do ensino. Estes três componentes – objetivos, conteúdos e metodologia – são indissociáveis, interdependentes e determinantes, em suas relações, da orientação política do ensino da geografia.

Os conteúdos das aulas são meios para desenvolver o raciocínio geográfico, organizado em dois grandes eixos: a formação de conceitos (relativos ao espaço geográfico – por exemplo: lugar, território, paisagem, região, rede, sociedade, natureza) e a alfabetização cartográfica. Os conteúdos selecionados são, portanto, a ponte necessária que liga os objetivos de ensino à aprendizagem/construção do conhecimento. Estão intimamente relacionados ao objeto e ao quadro conceitual, identificando a disciplina e sua importância educacional.

O encaminhamento metodológico é um pressuposto fundamental da dimensão política adotada para a formação do aluno. Daí a necessidade de o professor conhecer as posturas teórico-práticas das escolas pedagógicas, bem como as diferentes relações de ensino-aprendizagem que propõem a pedagogia tradicional, a escola-nova, a tecnicista, a histórico-crítica etc. e os contextos históricos do desenvolvimento de cada uma delas para reconhecer sua prática e/ou reconstruí-la.

Dependendo das relações estabelecidas entre objetivos, conteúdos e metodologia de ensino, a prática docente em geografia poderá caminhar para uma leitura crítica e contextualizada do espaço geográfico. Quando essas relações são contraditórias, pouco claras para o professor ou organizadas para um ensino tradicional/conservador, o aluno não consegue compreender as relações socioespaciais que se estabelecem entre os diferentes espaços nas escalas local, regional, nacional ou global.

No primeiro caso, a prática docente contribuirá para a formação de um aluno (ao longo do ensino fundamental) capaz de ler o espaço geográfico e compreendê-lo adequadamente, instrumentalizado para interferir na construção consciente desse espaço.

No segundo caso, a geografia será um amontoado de informações que exige muita memorização e pouco raciocínio. Será uma disciplina sem significado para aquele aluno, incapaz de tornar-se sujeito do conhecimento, agente de intervenção na realidade. Esse aluno, geralmente, chega ao ensino médio sem conseguir responder com objetividade às perguntas: o que a geografia estuda e para que ela serve em sua vida?

SÍNTESE

No primeiro capítulo, abordamos questões referentes à problematização inicial: O que é geografia? O que estuda? Qual a importância teórica e política desse saber?

> Ensinar uma disciplina escolar remete à compreensão do seu papel no currículo, seus objetivos políticos-pedagógicos e sua importância na formação do aluno.
> A geografia estuda o espaço geográfico em qualquer escala (local, regional, nacional e global) e numa perspectiva relacional.
> A geografia não é apenas a ciência da localização e da descrição dos fenômenos, ela investiga a ação humana modelando a superfície terrestre, em parceria e/ou oposição à natureza, materializando em tempos históricos sobrepostos.
> Para orientar o pensamento pedagógico na busca pela compreensão da especificidade da geografia, sugerimos que as seguintes questões sejam feitas: "Onde e como é o lugar?", que diz respeito à capacidade de localização e descrição do lugar; "Por que ele é e está dessa maneira?", que envolve aspectos culturais, sociais, naturais e históricos do lugar; E, por fim, "Que relações este lugar estabelece com lugares diferentes? Por que ele estabelece estas e não outras relações", que exigem reflexões acerca das relações econômicas e políticas do lugar com o mundo.
> Os conteúdos das aulas são meios para desenvolver o raciocínio geográfico, organizado em dois grandes eixos: a formação de conceitos relacionados ao espaço geográfico e a alfabetização cartográfica.

INDICAÇÃO CULTURAL

SITE

AGB – Associação dos Geógrafos Brasileiros.

Disponível em: <http://www.agb.org.br/>.

Nesse *site* o professor poderá encontrar uma série de informações sobre congressos na área de geografia e indicação de outros *sites* que possam ser utilizados em pesquisas sobre os saberes geográficos.

ATIVIDADES DE AUTOAVALIAÇÃO

[1] Assinale (V) para as alternativas verdadeiras e (F) para as falsas:

[ ] A geografia é a única disciplina escolar que sempre esteve, e ainda está, vinculada à área das ciências exatas e da natureza.

[ ] A geografia é uma ciência e disciplina escolar marcada pela dicotomia dos estudos de elementos naturais e humanos.

[ ] A geografia é e sempre foi considerada uma ciência social e, por isso, identifica-se com a sociedade e seus elementos constituidores.

[ ] Atualmente a geografia vem alcançando uma certa identidade ao abranger, no seu objeto de estudo, elementos físicos e sociais de forma articulada e interdependente.

Indique a sequência correta:

[A] F, V, F, V.
[B] V, F, V, F.
[C] V, V, V, F.
[D] F, F, F, V.

[2] Sobre o objeto de estudo/ensino da geografia escolar, marque (V) para as afirmativas verdadeiras e (F) para as falsas:

[ ] O objeto de estudo da geografia é o lugar, pois a principal questão que norteia o pensamento geográfico é: onde?

[ ] O objeto de estudo da geografia é a sociedade, pois é ela que constrói os lugares e se apropria deles.

[ ] O objeto de estudo da geografia é o espaço geográfico, composto pela materialidade natural e construído pela sociedade e pelas ações e relações sociais, políticas, econômicas e culturais.

[ ] O objeto de estudo da geografia é o espaço regional cujas características singulares o diferenciam de outros espaços regionais.

Indique a sequência correta:

[A] V, V, V, F.
[B] F, F, V, F.
[C] V, F, V, V.
[D] F, F, F, F.

[3] Sobre a importância política do ensino da geografia, assinale (V) para as afirmativas verdadeiras e (F) para as falsas:

[ ] O ensino de geografia é importante para que os alunos consigam se localizar no espaço geográfico e saber como se locomover.

[ ] A aprendizagem dos conteúdos geográficos permite aos alunos desenvolver a capacidade de observação e de descrição dos lugares.

[ ] O ensino de geografia no currículo dos anos iniciais da educação básica enfoca conhecimentos exclusivos sobre os elementos naturais do espaço geográfico pois eles são a base para a construção dos lugares.

[ ] O ensino de geografia é mais do que a observação e descrição dos lugares, pois pressupõe investigações históricas, sociais, econômicas, políticas e culturais para que os alunos compreendam, além de sua materialidade, as dinâmicas sociais que produzem e usam esses espaços.

Indique a sequência correta:

[A] V, V, V, F.
[B] V, F, F, V.
[C] F, F, F, V.
[D] V, F, V, F.

[4] Para identificarmos o enfoque geográfico de um tema a ser ensinado, há, segundo alguns autores, questões que orientam a abordagem escolhida. Assinale a alternativa correta:

[A] A principal e única questão que garante a abordagem geográfica de um assunto qualquer é "onde?", uma vez que a localização é a principal função da abordagem geográfica.

[B] "Onde?", "Por que nesse lugar?", "Como é esse lugar?", "Por que esse lugar é assim?". Essas são algumas questões que auxiliam a compreender os lugares em seus aspectos históricos, econômicos, políticos, culturais, sociais e nas relações que estabelecem com outros lugares, próximos e distantes.

[C] Não há necessariamente questões que garantam um enfoque geográfico de um tema. Se abordarmos os aspectos ambientais, naturais e sociais dos lugares estará garantido o enfoque geográfico.

[D] A localização e a descrição são fundamentais para uma abordagem geográfica, por isso, as questões que orientam tal abordagem são: "Onde?" e "Como é esse lugar?".

[5] Objetivos, conteúdos e metodologia de ensino são elementos interdependentes e determinam, em suas relações, a orientação política do ensino de geografia. Sobre essa questão, assinale a alternativa correta:

[A] Os conteúdos não são meios para desenvolver o raciocínio geográfico. Os objetivos indicam quais conhecimentos geográficos devem ser apropriados pelos alunos. A metodologia de ensino aponta os caminhos pelos quais esse processo se dará.

[B] Os conteúdos escolares são os principais elementos de uma aula e determinam quais objetivos devem ser alcançados e por quais meios metodológicos isso deve ocorrer.

[C] Os objetivos de ensino devem ser pensados após se delimitar os conteúdos ou as metodologias de ensino, pois o que e como ensinar são mais importantes do que o motivo de ensinar.

[D] A metodologia de ensino é a alma de uma aula. Ela deve ser definida previamente, seja qual for o conteúdo em pauta e quaisquer sejam os objetivos a serem atingidos. A metodologia tem estatuto próprio e independente no processo ensino-aprendizagem.

ATIVIDADES DE APRENDIZAGEM

QUESTÕES PARA REFLEXÃO

[1] Tendo como referência a leitura do primeiro capítulo e suas experiências educacionais (como aluno e como possível educador), reflita sobre a pergunta inicial: O que é geografia? O que estuda?

[2] Reflita, a partir da leitura do capítulo, sobre a importância política da disciplina escolar geografia.

ATIVIDADE APLICADA: PRÁTICA

Produza um texto a partir dos itens a seguir:
[A] Onde e como é o lugar (bairro, distrito, município, área rural) em que você mora?
[B] Por que ele é e está dessa maneira?
[C] Que relações este lugar estabelece com lugares distantes (outros municípios, estados, países)?
[D] Por que ele estabelece essas relações e não outras?

dois...

As abordagens teórico-metodológicas da geografia e os interesses políticos — breve histórico

Você sabe quando a geografia passou a fazer parte do currículo escolar? E por que foi considerada conhecimento necessário para a formação de crianças e jovens?

É com a intenção de discutir essas questões que faremos um breve histórico das relações entre a inserção do conhecimento geográfico na escola e os interesses político-econômicos que configuram os currículos da educação básica. Focaremos a discussão sobre a construção teórico-política da ciência geográfica e as repercussões sobre o ensino da geografia.

O saber geográfico não é recente. Antes de ser institucionalizado, ou seja, antes de se tornar uma ciência, a humanidade já se valia dele. O que hoje chamamos de *geografia* é um conhecimento elaborado desde a Antiguidade por homens que mapearam o planeta e registraram um considerável levantamento de dados a respeito da superfície terrestre. Desde os relatos dos primeiros viajantes que não se afastaram muito do

Mar Mediterrâneo até as informações possíveis de serem obtidas com as grandes navegações, esse saber trouxe à luz as singularidades materiais e culturais dos territórios e, com elas, os modos de viver e de pensar de seus habitantes.

Esses modos de vida eram traduzidos pelas formas como cada povo se relacionava com seu meio, com as técnicas de produção, de circulação, o jeito de consumir, as tradições culturais, a organização política, entre outras. Todos esses aspectos explicavam a configuração do espaço geográfico desses povos. É possível afirmar que o que hoje chamamos de *geografia*, ao descrever espaços e sociedades – exóticas ou familiares, soberanos ou coloniais – revelava, sobretudo, diferentes meios, singulares em suas técnicas, culturas, relações sociais etc.

Existem várias periodizações a respeito do desenvolvimento do pensamento geográfico. Porém, a maioria dos estudiosos concorda que, só no final do século XIX, as condições históricas permitiram a institucionalização da geografia como ciência moderna (Moraes, 1983). Trata-se, então, de uma ciência bastante jovem. Podemos dizer que o século XX foi cenário dos primeiros passos científicos rumo à maturidade da geografia, na academia e na escola.

A GEOGRAFIA CLÁSSICA

Para Andrade, o conhecimento geográfico pode ser dividido, arbitrariamente, em três períodos distintos:

> um primeiro período em que pontificaram os institucionalizadores desta ciência, ao qual se seguiu outro de consolidação e de difusão do conhecimento geográfico, a que chamamos de período clássico, e em seguida, após a Segunda Guerra Mundial, teríamos o período moderno. (Andrade, 1987)

A geografia clássica, para esse autor, teve início no final do século XIX e durou até meados do século XX. O pensamento da geografia clássica foi elaborado de acordo com os interesses colonialistas do império francês e do império alemão.

O período que delimitou a geografia clássica era o do imperialismo baseado em vantajosas trocas comerciais entre a metrópole e suas colônias. O espaço geográfico mundial era compartimentado, ou seja, a autonomia e a soberania dos Estados-Nações eram realidades intraterritoriais e se estendiam às suas respectivas colônias. Assim, o território mundial era dividido, mas, além da soberania de cada uma de suas partes, havia o uso de técnicas e arranjos socioespaciais próprios nos territórios imperiais e coloniais (Santos, 2000). Naquele período histórico, as relações internacionais eram movidas pelas vantagens econômicas que determinados impérios obtinham por meio de trocas comerciais por eles controladas.

As vantagens econômico-comerciais apoiavam-se na coexistência mundial de diferenças naturais, culturais, étnicas e técnico-científicas tanto entre os impérios e suas colônias quanto entre os impérios particularmente. Essas diferenças configuravam identidades regionais que caracterizavam o mundo conhecido.

A tendência expansionista do capitalismo, no início do século XX, já havia desvendado quase todo o globo terrestre. As colônias e ex-colônias já estavam devidamente cartografadas e suas riquezas naturais catalogadas. O conhecimento dessas riquezas, recursos naturais explorados ou conhecidos para futura exploração, era necessário para o crescimento e diversificação da produção industrial. A geografia desempenhava, naquela época, uma função essencial, estratégica e política: inventariar e catalogar.

> *Os viajantes do século XVII ou os geógrafos do XIX eram na verdade agentes de informações que coletavam e cartografavam a informação, informação que era diretamente explorável pelas autoridades coloniais, os estrategistas, os negociantes ou os industriais.* (Foucault, 1985)

Foi nesse contexto histórico (eurocêntrico) que a geografia institucionalizou-se como ciência e desenvolveu um quadro teórico para explicar como são produzidas as variadas paisagens e as causas das profundas diferenças entre elas. O quadro teórico geográfico, desenvolvido nesse período, foi quase tão compartimentado quanto o espaço mundial.

Foi na Alemanha e na França que se desenvolveram as primeiras teorias da geografia capazes de influenciar o pensamento geográfico do ocidente. Os discursos geográficos, alemão e francês, coincidiram com os interesses dos seus respectivos Estados.

No caso da Alemanha (país recém-unificado), era necessário que o discurso geográfico justificasse a necessidade de conquista de territórios coloniais e até mesmo de mais espaço na Europa. Por isso, a geografia alemã argumentava que, quanto mais civilizado um povo, mais intenso o uso do meio (Ratzel, 1990) – através do domínio das técnicas de produção – e maior a pressão demográfica. Os povos civilizados eram apenas aqueles que conseguiam organizar um Estado. Os outros eram chamados *povos naturais*, ou seja, "aqueles povos que estão majoritariamente submetidos ao domínio da natureza ou dependem desta mais do que os povos civilizados" (Ratzel, 1990, p. 122). O Estado surgia quando a sociedade atingia um grau máximo de coesão, acumulava um considerável patrimônio cultural e delimitava seu território. Ao Estado cabia defender o território e lutar por mais espaço (vital). As conquistas territoriais eram, então, próprias dos povos civilizados em busca do espaço vital, condição de continuidade do progresso e, ao mesmo tempo, da expansão dos frutos da civilização. Para Ratzel,

> *Quando o povo que cresce rapidamente volta sua energia superabundante sobre outros, prevalece por si só a influência da civilização mais elevada, que foi a causa ou a condição do maior aumento. Desse modo a difusão da civilização se nos apresenta como um processo de expansão dos povos civilizadores sobre a Terra, que vai se acelerando a partir de si mesmo e tem o fim e o propósito, e a esperança, e o desejo de realizar, de modo cada vez mais completo, a pressuposta unidade do gênero humano.* (Ratzel, 1990, p. 121)

A geografia vinculou o conceito de território, de caráter político, ao conceito (pretensamente) científico de espaço vital.

Esse vínculo gerou representações coletivas sobre a questão territorial, entendida como natural e necessária à empreitada colonialista. A colônia era considerada uma economia complementar e extensão do espaço metropolitano. Sua população nativa, com "conquistas cultas" inferiores, era recurso natural incluso no território conquistado (Moraes, 1988).

Na educação escolar, o conceito de território foi marcado por um viés político, que entendia como natural e inevitável o colonialismo. Tanto que esse tema – colonialismo – não era questionado pelos livros didáticos do início do século XX – ao contrário, era tratado com naturalidade.

Da mesma forma, a prática estatal colonialista era entendida como necessária, tanto aos colonizadores – para expansão da produção capitalista – quanto aos colonizados – povos cuja civilização situava-se em grau inferior, beneficiados por tal prática.

O conceito de território desenvolvido, sob as perspectivas científicas aqui mencionadas, ignorava as lutas e resistências dos povos sem Estado. Não reconhecia nem valorizava sua organização socioespacial e seus modos de vida não capitalistas. Enfim, o conceito de território tornou-se científico a partir de análises etnocêntricas, que desvalorizavam grupos étnico-sociais não europeus.

No caso da França, o pensamento geográfico tinha como principal bandeira a neutralidade da ciência. Seu traço marcante foi o tom liberal, diferenciando-se da escola alemã, acusada de fazer da ciência uma seara ideológica.

Para a geografia francesa, a superfície terrestre dividia-se em diferentes meios (Gomes, 1996). Cada um desses meios era formado por uma série de fenômenos desencadeados por diferentes agentes. O homem era considerado um dos agentes que atuavam para mudar a superfície terrestre e as paisagens eram os resultados de todas as atuações. A paisagem (o meio) se compunha pelo relacionamento harmonioso dos elementos naturais (clima, vegetação, relevo, solo, fauna etc.), mais o homem. Esse é um agente que, por um lado, pode se adaptar a essas condições naturais (em termos biológicos) e, por outro, utiliza os elementos do meio em seu benefício, através de técnicas que é capaz de desenvolver. Em última análise, a paisagem é o aspecto visível de um gênero de vida. Tem, por isso, um enorme valor cultural e histórico (La Blache, 1982).

A geografia francesa ainda argumentava que os diferentes grupos humanos têm suas necessidades condicionadas pela natureza e buscam nela os materiais para suprir essas necessidades. A natureza, diversificada ao longo da superfície terrestre, obrigou o homem a adaptar-se a ela, e ele o fez, desenvolvendo "técnicas, hábitos, usos e costumes, que lhe permitiram utilizar os recursos naturais disponíveis" (Moraes, 1988, p. 69). Assim, a capacidade humana de adaptação e transformação limita-se às condições do meio. A herança técnica e cultural é importante no domínio da natureza, mas o permite apenas parcialmente. É assim que se configuram as regiões geográficas.

Em termos teóricos, a região-paisagem é classificada como um estágio de civilização de acordo com a evolução do gênero de vida que a produziu. Segundo Corrêa (1986, p. 28), "A região geográfica abrange uma paisagem e sua extensão territorial, onde se entrelaçam de modo harmonioso componentes humanos e natureza. [...] Região e paisagem são conceitos equivalentes ou associados, podendo-se igualar". À geografia caberia estudar exaustivamente cada uma delas, descrevendo-as detalhadamente, delimitando-as e comparando-as.

Assim, a metodologia descritiva seria a mais adequada para os estudos geográficos. A esse respeito, três aspectos devem ser observados. Primeiro, quanto mais detalhadas as descrições das regiões geográficas, maior a caracterização do que lhes é singular e do que pode ser análogo a o que há em outras. O método descritivo utilizado pelo pensamento geográfico fez da geografia uma ciência para levantar dados e catalogá-los, funções políticas e estratégicas que, naquele período histórico, estavam a serviço dos interesses capitalistas do Estado colonialista.

Em segundo lugar, a região, como unidade do estudo geográfico, tornou-se um conceito de grande utilidade política, tanto para a gestão do espaço nacional quanto para a exploração colonial. E, em terceiro lugar, a busca das singularidades dos lugares criava a "região-personalidade". A região delimitada ganhava personalidade e tornava-se sujeito. Essa característica era aproveitada politicamente. Desse modo,

> *a região-personagem histórica forneceu a garantia, a própria base, de todos os geografismos que proliferam no discurso político. Por "geografismos" eu entendo as metáforas que transformam em forças políticas, em atores ou heróis da história, porções do espaço terrestre [...] Exemplos [...] "a Lorena luta, a Córsega se revolta, a Bretanha reivindica, o Norte produz isto ou aquilo, Paris exerce tal ou tal influência, Lyon fabrica, etc".* (Lacoste, 1988, p. 65)

O pensamento e as pesquisas geográficas contribuíram para o reconhecimento das singularidades das regiões (Lacoste, 1988) e as classificaram como regiões-personagens. Assim, essas supostas identidades regionais tornavam-se em dados empíricos, científicos e divulgados pelo ensino escolar. O conhecimento geográfico definia algumas regiões como prósperas e civilizadas, enquanto outras eram tidas como primitivas, atrasadas.

Por isso, Lacoste refere-se ao conceito de região formulado por La Blache como um "conceito obstáculo" na medida em que possibilitava apenas um tipo de análise da realidade regional. A região (autônoma) era compreendida como limitada por suas próprias características. Ou seja, era marcada e delimitada pelo conjunto de características naturais, culturais, sociais e econômicas que a explicavam e a levavam a assim permanecer.

Esse conceito de região serviu de justificativa à ideia de que aos povos das áreas consideradas "mais civilizadas" caberia o direito e, ao mesmo tempo, o compromisso de explorar meios geográficos distintos, distantes dos seus, beneficiando-se, mas também levando benefícios aos povos menos civilizados dessas regiões, em que o homem ainda não sabia como fazer o meio revelar-se para si.

Nos currículos, nos livros didáticos e na sala de aula, o conceito de região marcou o ensino da geografia por muitas décadas, por meio de uma abordagem descritiva e compartimentada, entendendo a região como um organismo autônomo, caracterizado internamente pela relação entre fatores naturais e socioculturais próprios, como: clima, vegetação, relevo, hidrografia, origem étnica predominante, religião, língua oficial, países e capitais, portos etc.; além dos principais produtos explorados pelo setor primário, produzidos pelo secundário e do destino a eles dados. Estudados todos os detalhes de uma região, partia-se para a análise de outra, considerando-se a primeira conteúdo visto, aprendido e superado. O ensino assumiu o mesmo método da pesquisa: estudar o espaço geográfico compartimentado, uma parte de cada vez, como se a soma delas propiciasse a compreensão do todo.

Além disso, o pensamento da geografia clássica cumpriu, no Brasil, nas primeiras décadas do século XX, um papel político muito importante que foi o de enaltecer as grandezas naturais do território brasileiro e contribuir com a construção do nacionalismo patriótico. Os conceitos de região, território e paisagem eram tratados, na escola, sob o viés da apologia ao Estado (Vlash, 1990). Naquele contexto, segundo Jean Michel Brabante:

> *a geografia é antes de tudo a disciplina que permite pela descrição conhecer os lugares onde os acontecimentos se passaram. Esta situação subordinada da geografia à história foi reforçada pela preocupação patriótica. O objetivo não é o de raciocinar sobre um espaço, mas de fazer dele um inventário, para delimitar o espaço nacional e situar o cidadão neste quadro [...], o discurso nacional reforçou o peso dos elementos físicos, pois ele utilizou com predileção a gama das causalidades deterministas a partir dos dados naturais. [...] Esta predileção da geografia escolar pela geografia física encontra também suas raízes na geografia dos militares. O militar conduz seu raciocínio estratégico a partir dos dados topográficos.* (Brabante, 1989)

O MOVIMENTO DE RENOVAÇÃO DA GEOGRAFIA

A renovação do pensamento geográfico iniciou-se após a Segunda Guerra Mundial e continua até hoje. Essa renovação está relacionada às mudanças políticas, econômicas e tecnológicas que alteraram as relações socioespaciais em todas as escalas.

A globalização da economia no modo capitalista de produção é uma realidade ainda em construção, mas foi acelerada com os avanços tecnológicos do pós-guerra. A partir da segunda metade do século XX, tais avanços facilitaram a administração industrial a distância. Com isso a industrialização, a intensa urbanização e a mecanização agrícola atingiram as mais diversas áreas do planeta, inclusive as regiões e os países tidos como tradicionais, atrasados.

Assim, o conhecimento técnico e científico está cada vez mais presente nas paisagens de diversos países do mundo, em construções e instalações cada vez mais sofisticadas. Isso passou a incluir esses países ou parte deles (ou seja, alguns lugares dentro do país) na rede de relações globais, pois a tecnologia valorizou seus territórios. Por isso, afirma-se que a concorrência entre os países, no atual período histórico, deixou de se basear nas possessões coloniais e nas suas vantagens comerciais, como era antes da Segunda Guerra Mundial, e passou a depender do domínio do conhecimento tecnológico.

As relações econômicas mundializadas pelos sistemas técnicos e regulamentadas pela política do pós-guerra acirraram as desigualdades entre países polos (com alto domínio científico-tecnológico) e países do então chamado *Terceiro Mundo* (países sem desenvolvimento tecnológico próprio). A autonomia política e a soberania territorial foram, aos poucos, cedendo lugar aos interesses das grandes empresas multinacionais, que instalavam suas filiais e comercializavam seus produtos nos locais onde eram acolhidas. Assim, as decisões sobre os rumos econômicos dos lugares passaram a ser tomadas em espaços distantes, em outros países, nas quais se localizavam as matrizes dessas empresas.

Diante de todas essas mudanças, a teoria da geografia clássica estava definitivamente defasada. Não era mais possível pensar em regiões-personagens ou em paisagens culturais, pois a tendência à mundialização da produção e do consumo – que, aos poucos, incluiria também a cultura – apontava para um espaço globalizado, interdependente. Pela primeira vez, a geografia adotou como conceito principal o espaço, pois era impossível ignorar as relações (sobretudo comerciais e econômicas) entre as diversas regiões do planeta como fundamentais na explicação de seus espaços geográficos. Porém, isso era feito sem questionar nem discutir as desigualdades e as explorações que marcam, até hoje, a constituição do espaço geográfico.

Depois da Segunda Guerra, a internacionalização da economia industrial tornou-se evidente. De acordo com Vesentini (1995), a partir desse momento começou a primeira crise da geografia, que até então era uma ciência descritiva, compartimentada, dependente de outras ciências sobre as quais avançava para dar conta da explicação de seu temário. Com as mudanças do novo período histórico (inclusive no Brasil), o território tornou-se definitivamente mercadoria, constantemente reconstruído, necessário para o movimento do capital; a ideologia patriótica e nacionalista perdeu rapidamente importância para o discurso internacional.

Esse contexto não era privilégio brasileiro. Ele valia para o mundo todo. Segundo Vesentini,

> *com a evolução tecnológica, a descolonização, as alterações na divisão internacional do trabalho, em suma, com a reprodução em nível mundial da relação capital/trabalho assalariado, o espaço continente (cartografável, concreto, contínuo...), objeto por excelência das descrições e explicações*

geográficas, perdeu sua importância (inclusive ideológica). O espaço mundial de hoje é descontínuo, limitado pela economia ou pela política (aliás, inseparáveis), móvel e difícil de ser cartografado ou captado por meras descrições.
(Vesentini, 1995, p. 20)

Vesentini (1992) entende esse período histórico como o resultado da alteração do papel do Estado-Nação. Para ele, o aparente enfraquecimento do Estado diante dos interesses de mercado do capital internacional e o surgimento de "Estados Supranacionais" foram fatores que alteraram a função social da geografia e desencadearam uma crise na escola e na geografia. Essa crise, segundo esse autor, levou a três caminhos diferenciados.

O primeiro foi o da especialização. Já que a geografia tradicional, compartimentada, descritiva, não conseguia mais explicar o espaço e o discurso nacionalista enaltecedor da pátria não era mais prioridade, a primeira saída foi a busca de especialização nos diferentes ramos geográficos. Surgiram os especialistas em geomorfologia, climatologia, biogeografia etc. Essa especialização extrema aprofundou a compartimentação e quase levou ao fim da geografia.

Apesar de se desenvolver mais intensamente na academia, essa especialização deixou marcas no ensino escolar por meio da miniaturização dos conteúdos desses novos "ramos" da geografia, tornando-a, para o aluno, uma matéria ainda mais difusa e pouco objetiva. Se verificarmos os sumários de alguns livros didáticos de geografia mais antigos (dirigidos para o que hoje denominamos de *ensino médio*), encontraremos capítulos inteiros dedicados à classificação climática do planeta (climatologia), à formação geológica dos continentes (geologia), à astronomia, à geomorfologia, entre outros "ramos" da geografia. Esses livros apareceram no mercado – em suas primeiras edições – em datas próximas, coincidentes com o período histórico em que estes saberes mais especializados da geografia alcançaram a escola.

O segundo caminho da renovação foi o da geografia utilitária e do planejamento, no qual destacou-se a chamada *geografia quantitativa*, que associava-se com a matemática e, por meio dos números levantava dados estatísticos sobre sociedade e natureza. Essas informações incluíam número de habitantes, densidade demográfica, taxas de natalidade, mortalidade, emprego, desemprego, dados relativos à saúde, educação, moradia, transporte, comunicação, entre outros. Tais informações, devidamente mapeadas e associadas às relativas aos recursos naturais (potencial de exploração e tamanho de florestas, de jazidas minerais etc.), constituíam dados fundamentais para que o Estado e as empresas pudessem redimensionar o crescimento econômico do país. O saber geográfico participava, assim, de ações estatais e privadas para o planejamento do espaço, da economia e da política.

Na escola, a quantificação e a estatística passaram a aparecer, paulatinamente, nos livros didáticos em alguns temas por eles abordados. No entanto, os dados numéricos eram tão somente apresentados, sem discussão sobre seus significados sociais e econômicos, ou seja, eram mais um conjunto de dados que os alunos deveriam memorizar. A matemática e a estatística podem ser bons instrumentos de análise da organização socioespacial, mas não foram utilizadas adequadamente naquele momento histórico.

A maioria dos livros didáticos que trazia informações estatísticas, como, por exemplo, sobre a pirâmide etária dos países, as taxas de natalidade e mortalidade, o crescimento vegetativo da população não propunham discussões sobre as questões políticas que envolvem os programas de controle da natalidade, ou a ausência deles.

Por exemplo: Você sabe qual é o índice de população economicamente ativa do seu município em relação ao total de habitantes? O que isso significa para a economia local? Como isso repercute na organização socioespacial? Ou ainda: qual a relação entre o número de salas de aula e o número de crianças de 7 a 14 anos matriculadas (frequentando) na escola, em seu município? O que esse dado revela sobre a educação local?

Essas e outras questões estatísticas são de interesse para estudos geográficos dos mais diferentes lugares – cidades, estados, países – e podem dar início a uma discussão crítica sobre a organização socioespacial do lugar pesquisado.

A partir da década de 1960, o contexto histórico mundial chamou as ciências humanas para novas reflexões. O fenômeno do subdesenvolvimento, a dependência econômica e tecnológica, o socialismo autoritário do Leste Europeu, o uso da tecnologia na guerra, a Guerra Fria, entre outros fatores, desencadearam uma revisão do marxismo e novas críticas ao capitalismo foram elaboradas.

Na geografia, surgiu o terceiro caminho de renovação do pensamento, a geografia crítica, que compreende o espaço como social, construído historicamente, pleno de lutas e conflitos sociais.

A geografia crítica foi a primeira linha de pensamento dessa ciência que rompeu com o capital, elaborando um discurso de denúncia das desigualdades e das explorações. Tornou-se, anunciadamente, uma vertente de ruptura no pensamento geográfico. Trouxe o debate político, social, econômico, inicialmente para os conceitos de região, natureza e sociedade, mais tarde aprimorando-os e ressignificando os conceitos de lugar, paisagem e território. Afirmou que, se etimologicamente *geografia* significa "descrição da terra", quem descreve tem pretensão de explicar, propondo a reflexão crítica/dialética sobre o espaço geográfico.

Depois do quadro teórico da geografia clássica, o discurso da geografia crítica foi o que mais profundamente atingiu a escola. Seu quadro teórico conceitual começou a chegar à escola com muito entusiasmo, mas pouca clareza, na década de 1970.

No Brasil, essa chegada só aconteceu nos anos 1980, com o fim da Ditadura Militar. As propostas curriculares e os manuais didáticos, desde então, são testemunhas do esforço na elaboração de conceitos que aproximassem o materialismo dialético da temática espacial. Porém, sua dificuldade de formação de um quadro conceitual próprio, que não a submetesse à história nem a confundisse com a sociologia, levou-a a um descompasso. Santos descreve essa dificuldade ao afirmar:

> *Eu creio que a geografia crítica criticou a forma como se trabalhavam as categorias como paisagem e região, mas também jogou fora a necessidade de continuar elaborando estas categorias. Em vez de refazer os conceitos, preferimos dizer: "Não é importante trabalhar a paisagem, não é tão importante trabalhar a região".* (Santos, 1996b, p. 173)

O esforço da ciência geográfica, nas últimas décadas, tem sido o de superar a dificuldade de discussão sobre seu objeto de estudo e a formação de um quadro teórico-conceitual. Como consequência imediata, vem surgindo, paulatinamente, sua identidade, como saber científico e saber escolar.

O conceito geográfico chave para a geografia crítica é o espaço, mas sua elaboração não foi tarefa fácil. Inicialmente o espaço era entendido como um "receptáculo de contradições sociais ou um espelho externo da sociedade" (Corrêa, 1995). Esse pressuposto dava à geografia uma posição de ciência secundária, derivada da história e da sociologia.

Então, a partir dos anos 1980, o esforço teórico da geografia crítica foi no sentido de dar uma "dimensão espacial à análise marxista". O espaço passou a ser visto como "reprodutor de desigualdades e condição de sua superação [...] parte [da] dialética social que o funda" (Gomes, 1996, p. 297). O conceito-chave da geografia tornou-se o espaço social, entendido não apenas como "instrumento político, um campo de ações de um indivíduo ou grupo. [...] mais que isto, engloba esta concepção e a ultrapassa" (Corrêa, 1995, p. 25). Com o aprofundamento das discussões sobre o conceito de espaço, a geografia crítica ressignificou o quadro conceitual dessa ciência e inseriu nele o conceito de sociedade.

O conceito de paisagem foi, inicialmente, posto em segundo plano pela geografia crítica, pois considerava-se que o modo como esse conceito foi definido pela geografia clássica em nada contribuía para uma análise dialética do espaço. Até então, a ideia de paisagem limitava-se à observação e à descrição dos aspectos visíveis do espaço geográfico, expressando como se davam as relações homem-meio nas diferentes áreas do planeta, caracterizando-as e diferenciando-as. Então, além dos aspectos empírico e descritivo, a paisagem da geografia clássica pressupunha uma separação metodológica entre sociedade e natureza. Por isso esse conceito foi desprezado pela geografia crítica. Só foi reformulado mais recentemente, quando o processo de globalização trouxe uma necessidade indiscutível de revisão de todas as reflexões anteriores sobre o espaço geográfico.

A noção de região, inicialmente em desuso pela geografia crítica, foi resgatada sob a ótica teórica do marxismo, com a evidência de que fenômenos como a acumulação, a mais-valia e as forças produtivas só podem ser compreendidos numa escala global e de que cada parte do planeta participa dessa totalidade. Assim, o conceito de região reapareceu, nos anos de 1980, com a denominação de áreas de desenvolvimento espacial desigual e combinado.

Se observarmos com atenção os livros didáticos para quinta a oitava séries ou para o segundo grau, publicados na segunda metade dos anos de 1980, veremos que os estudos regionais recebiam abordagens diferentes das atuais. Naquela época, ainda coexistiam no mercado livros de geografia com enfoque clássico e os primeiros com enfoque crítico.

Os critérios com os quais os autores (clássicos e críticos) abordavam a regionalização (do mundo, do Brasil etc.) davam aos livros conteúdos muito diferentes. Por exemplo, alguns regionalizavam o mundo tomando como ponto de partida a divisão dos continentes (Beltrame, 1987). Para os autores ligados à geografia clássica, numa determinada série, o aluno deveria estudar o continente americano em todos os seus aspectos – físico, humano e econômico; na outra série, a Europa, a Ásia, a África e a Oceania, também em todos os seus aspectos. Para os autores ligados à geografia crítica, o mundo era regionalizado a partir da perspectiva econômica (Vesentini, 1984). Em seus livros, o mundo era dividido em subdesenvolvido e desenvolvido, ou Primeiro, Segundo e Terceiro Mundo. Às diferentes séries finais do ensino fundamental caberia estudar uma destas regiões. Nessa abordagem do conceito de região a ênfase era dada aos aspectos sociais, econômicos e políticos.

Da mesma maneira, os conceitos de natureza e de sociedade recebiam enfoques diferentes nas duas propostas teóricas mencionadas. Nos livros didáticos com enfoque clássico, os continentes eram apresentados aos alunos a partir de seus aspectos naturais originais (clima, vegetação, relevo e hidrografia). Em geral, não eram mencionadas as ações humanas sobre o quadro natural e cabia ao aluno memorizar os elementos da natureza presentes nos diferentes continentes, ainda que eles já estivessem completamente modificados. O conceito de sociedade não era desenvolvido nesses livros. No máximo, havia menção à população dos continentes, de suas características étnicas e quantitativas.

Nos livros com enfoque crítico, a relação sociedade/natureza era o foco principal. A abordagem do conteúdo privilegiava as análises de como o modo capitalista de produção levara à modificação do quadro natural original até chegar à configuração do atual espaço geográfico, fruto de uma construção histórica. Nessa abordagem, o espaço e a paisagem revelam (materialmente) não apenas as explorações da natureza feitas pela sociedade, como também as explorações de uma classe social sobre a outra.

> Com base nessas considerações, você é capaz de identificar o objeto de estudo da geografia para cada uma dessas vertentes teóricas? Faça essa reflexão.

Infelizmente, a revisão conceitual da geografia crítica ficou inacabada por alguns anos. De acordo com Santos (1996b), o apego cego de alguns pensadores às categorias marxistas não permitiu que os geógrafos críticos avançassem no entendimento do mundo. Suas análises pararam nas relações internacionais e não avançaram para as relações mundiais. Isso vem sendo feito, muito recentemente, por alguns estudiosos e de formas bastante diversas. Por um longo tempo, a geografia crítica soube criticar como se trabalhavam os conceitos de paisagem, região, mas demorou a reelaborá-los, e essa é uma tarefa que deve ser contínua, sob pena de se perder o curso da história.

A história, por sua vez, avançou, gerando nas últimas décadas seu novo período, chamado de *globalização*, o que afetou profundamente conceitos e categorias com os quais a geografia sempre trabalhou. A queda do muro de Berlim e o fim do socialismo real fecharam o ciclo do mundo bipolar e marcaram o estabelecimento de uma nova ordem mundial. As empresas multinacionais, que não eram um fenômeno recente, tiveram difusão acelerada e sistemática por todo o mundo, de modo intensificado, a partir do final dos anos 1980 e início dos anos 1990. As mudanças de ordem financeira e produtiva, apoiadas pelas novas possibilidades de gerenciamento a distância, criadas pelo avanço da tecnologia de comunicação e informação, levavam à desterritorialização do capital. O fortalecimento do capital e do mercado, livres da tutela estatal, levou a uma política de enfraquecimento do Estado de Bem-Estar que levou a perdas de direitos sociais conquistados em décadas de lutas.

Todas essas transformações colocaram em pauta a necessidade da discussão do quadro conceitual da geografia. Enquanto a geografia crítica ainda via com desconfiança os conceitos de paisagem, lugar e região, as relações mundiais globalizadas davam a eles novos significados e faziam emergir outras discussões – sobre território, soberania, política e Estado-Nação etc.

Essa revisão conceitual, inacabada na vertente crítica da geografia, está presente na escola desde os anos 1990 e, ainda que mesclada por outras tendências teóricas, está de alguma forma contemplada nos livros didáticos e nas práticas pedagógicas dos professores. A geografia crítica hoje tem no marxismo "mais uma filiação ideológica, uma inspiração de ordem geral" do que uma rígida fidelidade conceitual (Gomes, 1996). Portanto, ainda que apenas como orientação teórica mais ampla, o discurso da geografia crítica permanece na escola.

SÍNTESE

No segundo capítulo, abordamos, de modo breve, a trajetória do pensamento geográfico, desde o nascimento da geografia acadêmica até a atualidade, relacionando-o com os interesses políticos e econômicos dos diferentes períodos históricos.

A chamada *geografia clássica* surgiu no final do século XIX e teve seus conceitos e teorias em alta até meados do século XX. Articulou-se com os interesses dos Estados colonialistas-imperialistas, fortalecendo os conceitos de paisagem e região como determinantes das características socioeconômicas de um povo.

O movimento de renovação do pensamento geográfico começou após a Segunda Guerra Mundial e tomou rumos variados. A renovação que alcançou o ensino foi o da chamada *geografia crítica*, cujo trabalho de ressignificação dos conceitos básicos foi intenso a partir dos anos 1980. Essa mudança teórica relacionou-se com as mudanças nas ordens mundiais, inicialmente com a bipolarização e atualmente com a globalização. Por conta dessas mudanças políticas, econômicas, sociais e culturais que mudaram a ordem de relações entre os países e os lugares, os conceitos de região, território, lugar e paisagem sofreram alterações importantes e são hoje, centrais para o ensino da geografia.

INDICAÇÕES CULTURAIS

LIVRO

CUNHA, E. da. Os sertões: a campanha de Canudos. São Paulo: Ateliê Editorial, 2001.

Os sertões, de Euclides da Cunha, é um clássico da literatura brasileira e traz uma rica descrição do espaço geográfico do Nordeste, à moda da melhor geografia tradicional ensinada na maioria das escolas brasileiras por várias décadas do século XX.

FILME

AS MONTANHAS da Lua. Direção: Bob Rafelson. Produção: Carolco Pictures; IndieProd Company Productions; Zephyr Films Ltd. EUA: Tel Vídeo; 20.20 Vision, 1990. 136 min.

As montanhas da Lua conta a história de dois pesquisadores rivais, cujo objetivo é encontrar a nascente do rio Nilo. Eles são vinculados a duas sociedades geográficas europeias, instituições que no século XIX eram financiadas pelos Estados-Nação imperialistas, com vistas a mapear e inventariar, principalmente a África, continente em definitivo colonizado naquele século. O filme retrata um fazer geográfico próprio daquele período histórico, técnico e político.

ATIVIDADES DE AUTOAVALIAÇÃO

[1] Sobre as origens do conhecimento geográfico, marque (V) para as afirmativas verdadeiras e (F) para as falsas:
   [ ] O conhecimento geográfico é bastante recente. Data do final do século XIX quando surgiu a ciência geográfica e a disciplina de geografia.
   [ ] O conhecimento geográfico é tão antigo quanto o próprio homem. Desde a pré-história registravam-se caminhos e localizações importantes em desenhos feitos nas paredes das cavernas.

[ ] O conhecimento geográfico está presente nos relatos dos primeiros viajantes e intensificou-se após as grandes navegações com informações sobre as singularidades materiais e culturais de todos os continentes.

[ ] Considera-se conhecimento geográfico os saberes organizados mais recentemente pela geografia, pois somente agora seu objeto de estudo encontra-se definitivamente delimitado e esta ciência, enfim, consolidada.

Indique a sequência correta:
[A] V, V, V, F.
[B] V, F, F, V.
[C] F, V, V, F.
[D] V, F, V, F.

[2] Sobre o período denominado *geografia clássica* é possível fazermos algumas afirmações. Marque (V) para as verdadeiras e (F) para as falsas:

[ ] A geografia clássica coincide com o período do imperialismo colonial do final do século XIX. As pesquisas geográficas desenvolvidas nesta época serviram para informar, aos grandes impérios sobre o potencial de recursos naturais e as características culturais dos territórios coloniais.

[ ] O conceito de território, desenvolvido pela escola geográfica alemã, foi vinculado à ideia de espaço vital necessário ao desenvolvimento dos povos mais civilizados, com mais conquistas cultas. Por isso

seria natural, povos cultos colonizarem povos não civilizados, conquistando suas terras como colônias.

[ ] A geografia clássica teve na Alemanha e na França duas importantes escolas de pensamento. Ambas procuraram justificar a necessidade de colonizar outros continentes por meio de conceitos geográficos considerados cientificamente inquestionáveis naquela época.

[ ] O conceito de região-paisagem, desenvolvido pela escola geográfica francesa, classificava em um determinado estágio de civilização os habitantes que davam identidade a uma região. O mundo seria dividido em regiões com diferentes estágios de civilização. Caberia aos povos mais civilizados "levar civilização" aos povos primitivos por meio da empreitada colonial.

Indique a sequência correta:

[A] V, V, V, V.
[B] V, F, F, V.
[C] F, V, V, F.
[D] V, V, V, F.

[3] Os conceitos da geografia clássica chegaram à escola acompanhados de uma metodologia de ensino e análise considerada tradicional que, por muito tempo, manteve o ensino baseado na memorização. Sobre essa questão, assinale (V) para as afirmativas verdadeiras e (F) para as falsas:

[ ] Para determinar e delimitar uma região-paisagem o recurso metodológico era a descrição minuciosa dos aspectos naturais, humanos e culturais do lugar e do povo que o habitava. Por meio desse método, todo o planeta seria conhecido e suas regiões-paisagens delimitadas.

[ ] Na escola, o ensino das diferentes regiões do planeta se traduziu, por muito tempo, pela memorização de sua formação física (relevo, hidrografia, vegetação e clima) e de seus aspectos humanos (população, economia, tradições). Depois de estudar uma região, partia-se para o estudo de outra, sem que se estabelecesse inter-relações entre elas.

[ ] O conceito de território foi despolitizado na escola e entendido como limites de um país. Assim, caberia aos estudantes apenas memorizar quais são os limites dos países, com quais outros fazem fronteira, quais suas dimensões etc.

[ ] Os conceitos de território e região-paisagem não chegaram à escola no período da geografia clássica. O ensino de geografia manteve-se afastado das discussões políticas mais amplas que ocorriam no cenário internacional.

Indique a sequência correta:

[A] V, F, V, V.
[B] V, F, F, V.
[C] F, V, V, F.
[D] V, V, V, F.

[4] O movimento de renovação do pensamento geográfico teve início após a Segunda Guerra Mundial e continua até hoje. Sobre esse movimento, assinale a alternativa correta:

[A] Foi desencadeado por geógrafos jovens, decepcionados com a guerra e com espírito científico inovador, que deram início a uma ampla discussão de renovação do olhar geográfico sobre os aspectos naturais do planeta.

[B] Teve como inspiração um movimento pela igualdade entre os homens e entre os países, pois a guerra marcou negativamente o espírito daqueles que a vivenciaram, surgindo uma nova maneira de estudar e ensinar as relações entre os povos e países.

[C] Foi consequência de uma mudança nas relações internacionais, devido aos avanços tecnológicos e a multinacionalização da economia, o que levou à necessidade de se repensar as relações socioespaciais nas diversas escalas geográficas.

[D] Envolveu estudiosos de vários países do mundo em defesa da soberania e do direito de autodeterminação dos povos, que pressupunha uma geografia das singularidades e das especificidades em vez de discussões mundiais a respeito das configurações socioespaciais.

[5] Três foram os caminhos de renovação do pensamento geográfico: a especialização; a geografia do planejamento (utilitária); e a geografia crítica. As marcas deixadas no ensino de geografia por essas vertentes de renovação

foram muito diferentes em intensidade e duração. Sobre essa questão, assinale a alternativa correta:

[A] A especialização ecoou na escola por meio da miniaturização dos conteúdos desses novos ramos de pesquisa tais como estudos sobre climatologia e geologia, que até hoje são considerados fundamentais em todos os currículos de ensino médio do Brasil.

[B] A geografia utilitária chegou na escola com um viés estatístico quantitativo. Dados relativos à população como número de habitantes, taxas de natalidade, mortalidade, fertilidade, índice de empregos etc. são ensinados até hoje no ensino fundamental e médio, em todas as séries, devido à sua importância para o planejamento econômico dos lugares.

[C] A geografia crítica surgiu devido às limitações desses dois caminhos que a precederam. As discussões geradas pela especialização e pela quantificação do saber geográfico deram origem às reflexões críticas e ao terceiro caminho de renovação.

[D] A geografia crítica compreende o espaço como social, construído historicamente e pleno de lutas e conflitos, assumindo assim um discurso que rompe com os interesses da classe dominante e faz denúncias de injustiças e desigualdades. Está presente no ensino de geografia até hoje.

ATIVIDADES PARA APRENDIZAGEM

QUESTÕES PARA REFLEXÃO

[1] Faça uma pesquisa sobre as mudanças ocorridas nas relações econômicas e políticas entre os países após a Segunda Guerra Mundial. Caracterize a formação geopolítica do mundo bipolar e suas consequências.

[2] Amplie sua pesquisa para o período mais recente dos anos de 1990 e o chamado *movimento neoliberal*. Como ele afetou as relações econômicas e políticas internacionais e como isso muda a forma da geografia estudar as configurações socioespaciais.

ATIVIDADE APLICADA: PRÁTICA

Analise livros didáticos de geografia para o ensino fundamental produzidos nos anos 1970 e compare-os com os produzidos a partir de 1990. Relate quais são as mudanças verificadas:
> nos conteúdos selecionados;
> nas abordagens político-pedagógicas; e
> nos conceitos geográficos desenvolvidos nesses diferentes períodos históricos.

três...

Reflexões iniciais sobre o currículo e o ensino da geografia na educação infantil e nos anos iniciais do ensino fundamental

Neste capítulo trataremos de aspectos relevantes para o profissional da educação, tais como o papel do currículo e, mais especificamente, como a geografia aparece nesta documentação que "oficializa" a prática do professor na educação infantil e nos anos iniciais do ensino fundamental.

Pesquisadores do currículo procuram chamar para a "pauta da reunião" a necessidade de uma definição teórica para educação. Para tanto, é fundamental aprofundar as discussões sobre a escola, sobre o profissional que temos hoje, sobre o aluno que teorizamos e, mais, sobre como garantir o trabalho com o conhecimento científico, sem cairmos na falácia de uma escolarização superficial, enfadonha e repetitiva.

CONCEPÇÕES SOBRE O CURRÍCULO NA ESCOLA

O estudo de como o conceito de currículo foi e continua sendo usado na escola ao longo da história tem sido objeto de diversas pesquisas na educação brasileira, principalmente das que têm por premissa básica a ideia de que o currículo não é estático, mas, sim, algo que representa os movimentos pelos quais uma determinada sociedade passa. Assim, conceituar currículo, como afirmou Pedra (1988) não é tarefa fácil, pois "em currículo não existem definições universais, mas a concepção que um sistema escolar guarda de seu currículo ficará expresso em sua definição e se evidenciará em sua programação curricular".

Portanto, o que está em jogo aqui não é apenas a definição do currículo, no sentido de uma classificação, mas o seu caráter político. A riqueza da discussão entre todos os envolvidos (especialistas e a escola como um todo) e a escrita desse documento devem ter como intenção servir de sustentação teórica e metodológica ao trabalho pedagógico.

Essa preocupação pode evitar a redução do currículo em um documento estéril, pois segundo Kramer:

> *a prática pedagógica não é transformada a partir de propostas bem escritas; necessariamente, a transformação exige condições concretas de trabalho e salário e modos objetivos que operacionalizem a ampla participação na produção da proposta, de compreensão e de estudo, muitas vezes necessário, de confronto de idéias e de tempos para a tomada de decisões organizadas.* (Kramer, 1997)

> A partir da citação, podemos dizer que existem diferentes formas de elaboração de um currículo. Reflita sobre isso.

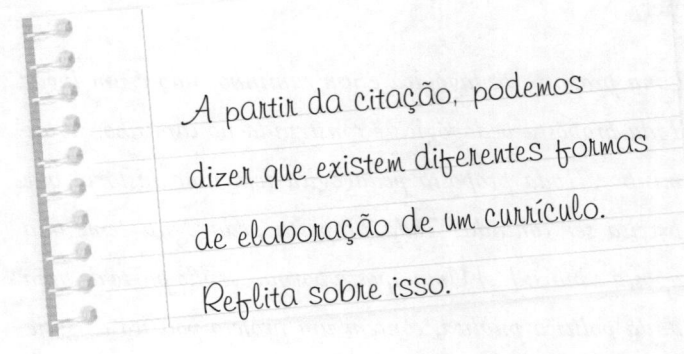

Nessa apologia ao caráter político de um currículo, Kramer (1997) vem reforçar a sua opção teórica sobre esse documento, que é a teoria crítica da cultura, na qual a proposta pedagógica deve ser vista dentro dos contextos político e cultural. Eles permeiam toda e qualquer ação humana, e, ao serem ignorados, fazem com que qualquer iniciativa, por melhor que seja a sua organização e consequente registro, torne-se uma ação sem efetiva contribuição na prática do professor.

Voltamos agora à discussão inicial. O que é realmente uma proposta curricular? Essa pergunta ainda se faz pertinente, principalmente quando somos levados a pensar sobre elementos como os Parâmetros Curriculares Nacionais (PCN), organizados verticalmente pelo Ministério da Educação (MEC) e apresentados ao profissional da educação básica como documento oficial, para que o aceito e o incorpore em sua prática pedagógica. Esse documento apresenta-se com um discurso moderno, mas mantém a antiga forma curricular, principalmente no que se refere à maneira como é feito, ou seja, pensado por "especialistas", restando aos professores (de todo o território brasileiro) aplicá-lo. Para Kramer,

> *Uma proposta pedagógica é um caminho, não é um lugar. Toda proposta pedagógica é construída no caminho, no caminhar. Toda proposta pedagógica tem uma história que precisa ser contada. Toda proposta pedagógica tem uma aposta e mais: [...] Uma aposta porque, sendo parte de uma dada política pública, contém um projeto político de sociedade e um conceito de cidadania, de educação e de cultura.*
> (Kramer, 1997, p. 21)

A cultura passa, então, a ser pensada como o "carro-chefe" da definição teórica de currículo, pois, segundo Giroux (1995, p. 97), "a teoria tem que ser feita, tem que se tornar uma forma de produção cultural; ela não é mero armazém de *insights* extraídos dos livros dos grandes teóricos".

Imaginar que a garantia da qualidade educacional possa surgir de um trabalho que negue tanto o diálogo entre os diversos atores envolvidos no processo educacional, quanto os posicionamentos políticos discordantes da situação posta, fatalmente remete a um monólogo, no qual os profissionais que atuam na educação não são convidados a participar da construção do conhecimento. Segundo Kramer,

> *Como podem os professores se tornar construtores de conhecimento quando são reduzidos a executores de propostas e projetos de cuja elaboração não participam e que são chamados apenas a implantar? [...] além de condições materiais concretas que assegurem processos de mudanças, é preciso que*

> *os professores tenham acesso ao conhecimento produzido na área de educação e a cultura em geral, para repensarem sua prática, se reconstruírem como cidadão e atuarem como sujeitos da produção de conhecimento.* (Kramer, 1997, p. 23)

As questões levantadas pela autora são, no mínimo, inquietantes, ao extrapolar a mera definição "quadradinha" do que seja currículo e trazer para a mesa de discussão questões como: formação dos profissionais que atuam na educação básica, políticas educacionais, cultura, saberes acadêmicos que são transformados em saberes escolares. Questões que, apesar das atuais pesquisas em educação, ainda estão longe de estar resolvidas.

O ENSINO DE GEOGRAFIA E O CURRÍCULO

Propor o ensino da geografia na educação infantil e nos anos iniciais do ensino fundamental soa, muitas vezes, como algo um tanto absurdo, principalmente se o interlocutor tiverem como referencial único a visão da geografia como a relação interminável de acidentes geográficos. A clareza de qual concepção de geografia está sendo proposta é o ponto de partida para que ela seja entendida e consequentemente aceita como possível pelo profissional que atua com a criança.

O conhecimento sobre as bases epistemológicas e metodológicas de uma determinada área do conhecimento é a porta de acesso do profissional da educação para que possa transformar o saber acadêmico em saber escolar. Partimos da defesa de que esse profissional precisa cada vez mais teorizar sobre sua prática, para que ela venha a ser uma prática objetivada. Por exemplo, a junção no âmbito teórico entre a geografia a história (disciplina de estudos sociais), pode prejudicar o desenvolvimento do raciocínio geográfico e histórico e, com isso, neutralizar as potencialidades políticas daqueles raciocínios.

A objetivação da prática pedagógica deve ser acompanhada não apenas do domínio do objeto de ensino das áreas do conhecimento, mas, sim, dos avanços que têm ocorrido na área das questões da aprendizagem. Quando trazemos para o discurso curricular uma concepção de criança como alguém que está vivendo apenas um processo de desenvolvimento no sentido biológico, "incapaz" de formar conceitos científicos, fatalmente continuaremos a desenvolver um trabalho "simplista", que subestima as possibilidades de aprendizagem do aluno. Além dessa visão limitante e limitadora, a falta de clareza teórica sobre a educação e sobre o conhecimento científico também pode levar a equívocos, tais como a ideia de escolarização na qual a criança é vista como um miniadulto e a da memorização como única estrutura do pensamento (Vigotski, 1993).

A partir do momento em que a geografia passa a ser entendida como uma área do saber que busca definir seu papel na construção do conhecimento científico, cabe então a tentativa de perceber como ela se apresenta nos currículos, propostas pedagógicas e práticas educativas.

A preocupação central do ensino de geografia, na educação infantil e nos anos iniciais do ensino fundamental, é a construção da noção espaço-temporal. Duas posições teóricas podem ser usadas na explicação de como acontece essa construção.

Nas obras clássicas de Jean Piaget e Wallon*, e em inúmeros textos que buscam interpretar esses autores, as discussões sobre a construção daquelas noções tomam como base a relação entre a criança e o espaço, pelo viés da ação e do deslocamento, ou seja, do experimento, do empírico.

Na perspectiva teórica de Vigotski (1993), a linguagem (cultura) é considerada um aspecto relevante para a aprendizagem. Especificamente no ensino da geografia, é um determinante na construção da noção de espaço, não apenas em sua fisicidade, mas no que diz respeito ao simbólico, ao imaginário e ao espaço como resultado da história de vida de cada um.

Aproximando-nos de Vigotski, consideramos que o estudo dos conceitos geográficos e sua apreensão pelo sujeito não deve se prender a uma visão empiricista, de que só é possível trabalhar a geografia partindo do próximo (casa, escola) para o distante (país, planeta). Devemos pensar que a criança faz parte deste mundo, ou seja, ele – o mundo, ou seus lugares longínquos – pode não ser abstrato, mas fazer parte da história familiar e cultural da criança. É preciso,

---

* PIAGET, J. O nascimento da inteligência na criança. São Paulo: LTC, 1987.
WALLON, H. As origens do pensamento da criança. São Paulo: Manole, 1995.

também, acreditar no potencial da imaginação, presente no chamado *conhecimento espontâneo* da criança, sem a preocupação exagerada de que os conteúdos devam ser "concretizados" para que sejam compreendidos.

> *Pedi que [...] Carlinhos desenhasse um mapa da Praça da Várzea, Recife. No seu desenho, Carlinhos deixou de mencionar muitas coisas. [Por exemplo, em volta da praça há casas residenciais e comerciais]. Mas essas coisas não interessam a Carlinhos. Ele se lembra das coisas que são relevantes para ele: a quadra de jogar bola, a barraca de sorvete, o pé de goiaba... O mapa desenhado por ele representa as coisas importantes do ponto de vista dele. Carlinhos pode falar sobre seu mapa, porque ele o criou.* (Carraher, 1998)

Esse depoimento demonstra que encaminhar a observação, a descrição, a interpretação e a análise do espaço geográfico pela criança, partindo do próximo, do vivido, do empírico para ela, não é garantia de facilidade da aprendizagem. É, sim, importante orientar a leitura do espaço geográfico próximo, assim como de outros, distantes. Nosso alerta é para que o profissional da educação não pense, de forma reducionista, que o espaço vivido, apenas por ser vivido diariamente pela criança, é apreendido por ela em toda a sua complexidade. Muitas vezes o que pensamos ser familiar para nosso aluno lhe é estranho.

O papel da geografia nos currículos está na possibilidade de o raciocínio geográfico auxiliar na compreensão do mundo ou do espaço geográfico organizado pelas sociedades. Então, desvelar as relações sociais, econômicas e políticas que a organização do espaço geográfico possibilita é o principal papel da geografia no currículo escolar.

Para Passini, o fato de que devemos possibilitar "a formação" do ser autônomo nos faz lembrar o filósofo francês Michel Foucault (1984) que, tendo feito um estudo comparativo das instituições disciplinares (prisões, orfanatos, quartéis, conventos, fábricas, escolas, seminários, manicômios, hospitais), escreveu em seu livro "Microfísica do poder" que essas instituições que objetivam a docilidade e a obediência conseguem dominar o ser através do controle do corpo, controle do tempo, controle do espaço. (Passini, 1994, p. 22)

Enquanto educadores e professores de geografia, não podemos, sozinhos, fazer com que a escola (instituição e materialidade) deixe de ser disciplinadora de mentes e corpos. Porém, podemos e devemos discutir como ela faz isso, desvelando as relações sociais, políticas, culturais e econômicas pressupostas pelo espaço escolar e fora dele.

A GEOGRAFIA E A APRENDIZAGEM

As discussões feitas pela psicologia a respeito da aprendizagem, sobre como a criança apreende o mundo através da formação de conceitos, têm proporcionado a busca de uma nova postura sobre as diferentes possibilidades de encaminhar as atividades na prática pedagógica diária. Essa postura permite "abrir" caminhos para a defesa de que podemos trabalhar a geografia tanto na educação infantil (depois que a criança começa a falar) quanto nas séries iniciais.

Essa defesa nos remete a um questionamento que os educadores geralmente fazem: "Mas trabalhar a geografia não é inviável para uma criança nessa faixa etária?". Essa questão inicialmente pode ser respondida quando levantamos algumas ideias.

Primeiro, a noção de que a geografia, assim como as demais áreas do conhecimento, não deve visar "decoreba"/memorização de conceitos (conteúdos escolares), e, sim, proporcionar a chamada iniciação às ciências. Segundo Benlloch, citado por Cuberes:

> *A criança pode acessar diversos aspectos da ciência quando consegue "cientificar" sua atividade em relação ao mundo físico. Dizemos "cientificar" e não conceitualizar, pois os conceitos científicos são elaborações cognitivas muito sofisticadas e, portanto, distantes das instituições do pensamento natural. Obviamente sua aquisição exige uma competência que a criança pequena ainda não possui. Pensamos que para "cientificar" essa atividade a criança não basta a si mesma. Necessita de que alguém lhe ajude a deslocá-la do mundo físico, onde tem lugar efetivamente, ao âmbito simbólico. Essa é uma das funções que destinamos à professora nos processos de ensino e aprendizagem.* (Cuberes, 1997, p. 18)

O adulto deve proporcionar situações ricas de informações sobre o mundo em que vivemos, para que a criança passe a observar as coisas, as paisagens e a falar sobre elas. Por exemplo, quando mostramos uma imagem de uma cidade (gravuras de revista, desenhos, filmes, livros infantis etc.), devemos provocar momentos de diálogo sobre o que está presente nessa imagem, por meio de perguntas e comentários como: qual o nome dessa cidade, quem mora nela, é parecida com a nossa, o que estamos vendo (prédios, ruas movimentadas de carros e pessoas, vegetação, ponte, rios etc.). Segundo Portella e Chianca (1990, p. 17), "Observar é ver com 'olhos diferentes' daqueles que estamos acostumados a usar. É parar atentamente e enxergar detalhadamente, examinar a fim de descobrir. É o princípio da investigação".

O papel da geografia na educação infantil e nos anos iniciais do ensino fundamental enquanto ciência volta-se para a compreensão das relações sociedade/natureza. O espaço é pensado como o resultado das relações sociais, o que justifica a construção de lugares diferentes, pois essa construção se dá de maneira histórica e mediada pelo trabalho/cultura. Assim, compreender o espaço em suas mais diferentes formas de configuração passa a ser finalidade do ensino da geografia. As ciências não podem ser pensadas como algo "complexo" para a criança, pois os seus conteúdos são retirados da realidade que a cerca e abordam questões que possuem estreita relação com a sua experiência de vida.

A compreensão da organização espacial, portanto, é o objetivo dessa ciência e no seu ensino deve possibilitar à criança a observação dos diferentes espaços e sua representação. Segundo Antunes, Menandro e Paganelli:

Já ao observar a organização espacial da escola, a criança pode perceber que à divisão do espaço corresponde uma divisão do trabalho. Existe um espaço determinado para a direção, os professores, os serviços de cozinha, limpeza, e assim por diante. [...] Ao mesmo tempo, fazendo uma análise destes locais os alunos começam a perceber que existe uma relação entre a construção física, sua disposição espacial e sua finalidade. As crianças podem também observar e desenhar os espaços de outras escolas. (Antunes; Menandro; Paganelli, 1993, p. 63)

Desse modo, toda e qualquer atividade que possibilite ao aluno observar/conhecer tanto o espaço fisicamente próximo como os mais distantes países de nosso planeta deve propiciar o trabalho através da formação de conceitos relacionados à construção da relação espaço-temporal e à sua representação, fundamentais para o raciocínio geográfico.

AS POSSIBILIDADES INTERDISCIPLINARES E A ESPECIFICIDADE DO ENFOQUE GEOGRÁFICO

As discussões a respeito da especificidade do enfoque geográfico devem ser antecedidas do esclarecimento sobre o que pensamos por interdisciplinaridade no âmbito da construção das ciências. Só então traremos essas reflexões para o ensino dos saberes escolares. Nas últimas décadas, muito se falou em inter, trans, multidisciplinaridade nas pesquisas educacionais, e essa abordagem interdisciplinar acabou se cristalizando em documentos oficiais com o nome de *temas transversais*.

As reflexões sobre essa temática implicam questionamentos iniciais como estes: "Como é uma abordagem interdisciplinar?", "Como ela pode ocorrer?", "A interdisciplinaridade compromete a identidade das disciplinas?".

Esses questionamentos passam por uma preocupação na prática pedagógica que é a da identificação da aprendizagem relacionada a qual aproveitamento específico do aluno nos diferentes saberes ensinados na escola.

Sobre a relação entre interdisciplinaridade, ciência e disciplina, Fourez afirma:

> *Cada vez mais se admite que, para estudar uma determinada questão do cotidiano, é preciso uma multiplicidade de enfoques. É a isto que se refere o conceito de interdisciplinaridade, e mais: ao mesclar – de maneira sempre particular – diferentes disciplinas, obtém um enfoque original de certos problemas da vida cotidiana. Todavia, semelhante abordagem interdisciplinar não cria uma espécie de "super-ciência", mais objetiva do que as outras: ela produz apenas um novo enfoque, uma nova disciplina; em suma, um novo paradigma. Assim, ao se tentar criar uma super-abordagem, consegue-se somente criar um novo enfoque particular. Foi desse modo, aliás, que se criaram muitas disciplinas particulares ou especializadas.* (Fourez, 1995, p. 135)

Outro aspecto relevante é o fato da disciplina de geografia ter sido associada, a partir da reforma educacional 5.692/1971, à então criada disciplina de estudos sociais, que tinha como característica integrar conteúdos de diferentes disciplinas. Segundo Leme,

> *um dos mais sérios problemas que se levantam em relação aos estudos sociais, tais como são trabalhados nas escolas de 1º grau, é a insatisfatória "somatória" de campos de estudos diferentes, numa única disciplina. [...] a interdisciplinaridade é considerada positiva, enriquecedora, em termos educacionais, mas não deve ser confundida com a tentativa de fusão de conhecimentos diferentes num conteúdo único, a partir da diluição de campos de estudo.* (Leme, 1996)

Portanto, o termo *integração* dentro das ciências sociais é carregado de uma visão polêmica, pois, associado à disciplina de estudos sociais, trouxe equívocos teóricos para a sala de aula. Unir, integrar disciplinas que possuem estatutos teóricos específicos faz com que os profissionais da educação novamente estejam sujeitos a trabalhar conteúdos de forma distorcida. A geografia, assim como a história, deve ter seu lugar garantido, nas propostas curriculares e, conseqüentemente, nas discussões constantes sobre o seu trabalho com os alunos da educação infantil e anos iniciais.

Para Pereira, sobre a identidade da geografia e seus aspectos teórico-metodológicos, é relevante considerar a

> *famosa contradição entre [...] "geografia humana" e "geografia física". Como partimos do pressuposto da unidade entre sociedade e natureza, esta considerada como totalidade, e que as relações sociais são os principais fatores que regem o processo de construção espacial, o tratamento especificamente geográfico dos mais diversos temas pode se concretizar, somente se não fizermos uma abordagem dicotômica, pois, dessa maneira, estaríamos isolando fatores que não podem*

ser considerados em separado, quando se trata de uma abordagem geográfica. (Pereira, 1994, p. 135)

Essa citação nos coloca diante de um aspecto relevante das abordagens interdisciplinares da geografia. Enquanto essa ciência (e este saber escolar) não superar a abordagem dicotômica de seu objeto, será, no mínimo, confuso pensar numa abordagem interdisciplinar. Por exemplo, para o professor de geografia que "simpatiza" com uma abordagem física do espaço geográfico será mais fácil estabelecer relações interdisciplinares com as ciências naturais. O aluno desse professor pode, na série seguinte, ter outro professor de geografia que aborda o espaço geográfico de maneira mais humanizada. Esse profissional fará abordagens interdisciplinares que aproximarão a geografia da história. Para esse aluno, assim como para seus professores, a identidade da geografia e suas possibilidades de enfoque interdisciplinar serão fragmentadas.

Portanto, garantir a especificidade do ensino de geografia na educação infantil e nos anos iniciais do ensino fundamental se apresenta como um desafio a mais na prática pedagógica. Por isso, o objeto de estudo e o quadro teórico conceitual de uma disciplina são elementos fundamentais para sua identidade. As aproximações interdisciplinares são tão mais claras quanto mais evidentes forem as possibilidades teóricas de interface entre as diversas disciplinas.

Tratar sobre currículo nos remete à organização teórico-metodológica do ensino de geografia. Dentro da proposta desta obra sugerimos que a prática pedagógica seja estabelecida por meio de dois eixos específicos do conhecimento geográfico. O primeiro refere-se à alfabetização cartográfica, que visa oportunizar ao aluno situações de aprendizagem em que a representação do espaço geográfico não se limite à cópia de mapas, mas à elaboração de representações de espaços próximos do aluno até a reflexão sobre mapas oficiais e sua interpretação. Esse eixo é tratado de forma específica no capítulo quinto capítulo desta obra. O segundo eixo refere-se à formação de conceitos que são específicos da geografia e que permeiam os conteúdos escolares presentes nas proposta curriculares oficiais. Esse segundo eixo é detalhado no quarto capítulo desta obra.

EIXOS DA GEOGRAFIA E O CURRÍCULO

Como dois grandes recortes no conjunto de conhecimentos próprios da geografia, propomos:

a) Alfabetização cartográfica:

- perspectiva/projeção: visão vertical – lateral, visão tridimensional – bidimensional;
- proporção/tamanho/escala;
- simbologia/legenda – relação codificação – decodificação;

b) Formação de conceitos científicos/geográficos:

- categorias específicas da geografia: natureza, sociedade, cultura, paisagem, lugar, território, representação espacial, configuração espacial, espaço geográfico;
- teoria da aprendizagem sócio-histórica, papel da linguagem/cultura.

Sendo assim, dentro desses dois grandes eixos, é possível ao educador – aqui pensamos tanto o professor de sala de aula, a equipe pedagógica da escola, como os órgãos competentes (Secretarias de Educação) – ter subsídios iniciais para pensar um aspecto fundamental da prática pedagógica que é O QUE ENSINAR: quais os conceitos, conteúdos essenciais e específicos da geografia.

SÍNTESE

Neste capítulo abordamos questões que tratam do currículo e do ensino da geografia, como:

> O currículo não é algo estático, mas, sim, a própria representação dos movimentos pelos quais uma determinada sociedade passa.
> A riqueza da discussão sobre o currículo e a sua escrita deve ter como intenção servir de sustentação teórica e metodológica ao trabalho pedagógico.
> A preocupação central do ensino de geografia, na educação infantil e nos anos iniciais do ensino fundamental, é a construção da noção espaço-temporal. Duas posições teóricas podem ser usadas na explicação de como se dá essa construção.
> O papel da geografia nos currículos está na possibilidade de o raciocínio geográfico auxiliar na compreensão do mundo, ou do espaço geográfico organizado pelas sociedades.
> A geografia, assim como as demais áreas do conhecimento, não deve visar à "decoreba"/memorização de conceitos

(conteúdos escolares) e, sim, proporcionar a chamada *iniciação às ciências*.
› Os eixos da geografia no currículo são: alfabetização cartográfica e formação de conceito.

INDICAÇÕES CULTURAIS

SITE

IBGE – Instituto Brasileiro de Geografia e Estatística. Disponível em: <http://www.ibge.gov.br/home/>.

O IBGE é o órgão responsável por fornecer dados à população e a outros órgãos e instituições do Brasil. No *site* do IBGE você pode encontrar muitas informações sobre o Brasil e sobre as cidades brasileiras que podem ser utilizadas em pesquisas sobre os saberes geográficos.

LIVRO

COLEÇÃO TODO O MUNDO. São Paulo: Callis, 1995. 5 v.

A coleção *Todo o Mundo* possui obras de literatura infantil com as quais pode ser trabalhado o conceito geográfico de lugar de forma interdisciplinar com as disciplinas de história e sociologia, por exemplo. Sua proposta é mostrar sentimentos que são comuns a todas as pessoas, independentemente de idade, raça, credo ou lugar.

ATIVIDADES DE AUTOAVALIAÇÃO

[1] Nas afirmações a seguir sobre a geografia na educação infantil e nos anos iniciais do ensino fundamental e seus objetivos, identifique quais são as verdadeiras (V) e as falsas (F):

[ ] Escolarizar os alunos sobre os acidentes geográficos apenas por meio da memorização.

[ ] Ser ensinada por meio da disciplina de estudos sociais.

[ ] Oportunizar, por meio de atividades ricas, o desenvolvimento do raciocínio geográfico.

[ ] Ensinar apenas a localizar no mapa os acidentes geográficos.

Assinale a sequência correta:

[A] F, F, V, F.
[B] V, V, F, V.
[C] V, F, F, V.
[D] F, V, F, V.

[2] Tendo com referência as colocações feitas no texto, reconheça nas alternativas qual o papel da geografia enquanto ciência e identifique as afirmações verdadeiras e as falsas:

[ ] Ser uma ciência voltada para a compreensão das relações sociedade/natureza.

[ ] Ser uma ciência de síntese que busca descrever de forma neutra os elementos do espaço.

[ ] Ser uma ciência que estuda o espaço como o resultado das relações sociais e históricas mediadas pelo trabalho/cultura.

[ ] Ser uma ciência que tem como objetivo a compreensão da organização espacial.

Assinale a sequência correta:

[A] V, F, F, V.

[B] F, V, F, V.

[C] V, F, V, V.

[D] F, V, F, F.

[3] Leia com atenção a citação a seguir:

famosa contradição entre [...] "geografia humana" e "geografia física". Como partimos do pressuposto da unidade entre sociedade e natureza, esta considerada como totalidade, e que as relações sociais são os principais fatores que regem o processo de construção espacial, o tratamento especificamente geográfico dos mais diversos temas pode se concretizar, somente se não fizermos uma abordagem dicotômica, pois, dessa maneira, estaríamos isolando fatores que não podem se considerados em separado, quando se trata de uma abordagem geográfica. (Pereira, 1994, p. 135)

O autor discorre sobre a identidade da geografia. Sobre estas questões apresentadas destaque o que é verdadeiro (V) e o que é falso (F):

[ ] A identidade da geografia não é um aspecto relevante para a prática do pedagógica do professor da

educação básica e, sim, apenas para os geógrafos das universidades.

[ ] Estudar e compreender a relação entre a chamada *geografia humana* (sociedade) e a *geografia física* (natureza) passa a ser fundamental para a abordagem geográfica.

[ ] A geografia física e a geografia humana devem ser ensinadas nas escolas de forma separada mesmo que saibamos que a organização do espaço é estudada como o resultado da relação entre sociedade e natureza.

[ ] Pensar o ensino de forma interdisciplinar exige do professor o conhecimento do objeto de estudo de cada disciplina escolar.

Assinale a sequência correta:
[A] V, F, F, V.
[B] F, V, V, V.
[C] F, F, F, V.
[D] F, F, V, V.

[4] A proposta do processo ensino-aprendizagem em geografia tem como objetivo o trabalho com dois eixos. Identifique quais são.
[A] Alfabetização da paisagem e alfabetização cartográfica.
[B] Alfabetização cartográfica e formação de conceitos.
[C] Formação de conceitos e alfabetização temporal.
[D] Relações espaço-temporais e relações sociedade-natureza.

[5] No decorrer desse capítulo, os autores apresentam de forma breve ideias sobre a disciplina de estudos sociais. Sobre essa questão é correto afirmar:

[A] A disciplina de estudos sociais é o melhor exemplo de interdisciplinaridade, pois foi criada pelo coletivo de professores e muito bem aceita nas escolas.

[B] A disciplina de estudos sociais é a mais importante das disciplinas criada de forma interdisciplinar.

[C] Ensinar geografia e história na educação infantil e nos anos iniciais do ensino fundamental não pode ser considerado como a mesma forma teórico-metodológica de ensinar a disciplina de estudos sociais.

[D] Ensinar geografia e história equivale a ensinar a disciplina de estudos sociais.

ATIVIDADES DE APRENDIZAGEM

QUESTÕES PARA REFLEXÃO

[1] No capítulo há a seguinte pergunta: "Mas trabalhar a geografia não é inviável para uma criança nessa faixa etária?" Tendo como referência a seção "A geografia e a aprendizagem" (p. 77), reflita sobre o ensino de geografia e as teorias da aprendizagem.

[2] Leia atentamente esta afirmativa de Kramer:
Como podem os professores se tornar construtores de conhecimento quando são reduzidos a executores de propostas e projetos de cuja elaboração não participam e que são chamados apenas a implantar? [...] além de condições materiais

concretas que assegurem processos de mudanças, é preciso que os professores tenham acesso ao conhecimento produzido na área de educação e à cultura em geral, para repensarem sua prática, se reconstruírem como cidadãos e atuarem como sujeitos da produção de conhecimento. (Kramer, 1997, p. 23)

Após sua leitura dessa citação sobre as variáveis que envolvem a elaboração e a discussão de um currículo, reflita sobre o papel do professor na elaboração do currículo.

ATIVIDADE APLICADA: PRÁTICA

Pesquise sobre o tema: "Como a disciplina de estudos sociais se transformou em disciplina de geografia e história, no final dos anos de 1980". Pesquise como foi a reformulação curricular no seu estado e/ou município naquela década e como essas disciplinas aparecem nos PCN elaborados em 1997.

quatro...

Ler o espaço geográfico: a formação de conceitos

Neste capítulo, discutiremos mais especificamente a questão da formação de conceitos no ensino de geografia. Entretanto, antes, é preciso lembrar que "Discorrer, ainda que exaustivamente, sobre uma disciplina, não substitui o essencial, que é a discussão sobre o seu objeto. Na realidade, o *corpus* de uma disciplina é subordinado ao objeto e não o contrário" (Santos, 1996b, p. 16).

O espaço geográfico, objeto de estudo da geografia, vem sendo produzido e organizado pelas sociedades sob diferentes condições históricas. Portanto, o espaço geográfico é histórico, o que demanda um esforço para compreender sua dinâmica de formação e transformação. Além disso, essa dinâmica exige uma reflexão constante sobre os conceitos que explicam o espaço geográfico.

Hoje, a vertente crítica da geografia afirma que o espaço geográfico é resultado da dialética entre a materialidade, apropriada e construída pela sociedade, e as ações/relações sociais que a um só tempo construíram aquela materialidade e são por ela condicionadas, controladas, limitadas e convidadas a agir (Santos, 1996b).

Partindo desse pressuposto, é possível afirmar que, ao lermos o espaço geográfico, estaremos lendo e compreendendo, também, a sociedade que o criou, em suas relações complexas. Por exemplo, se observarmos atentamente os croquis de casas e apartamentos veiculados em anúncios de jornais e revistas, perceberemos que o projeto arquitetônico desses imóveis pressupõe relações sociais e políticas. Observemos as localizações e as dimensões dos dormitórios e banheiros destinados aos prováveis moradores (casal, filhos, empregados). Há diferenças? Que relações sociais e políticas a geografia da casa pressupõe?

Se verificarmos, ainda, o preço e o tamanho desses imóveis em relação à sua localização urbana e aos benefícios de infraestrutura e segurança que oferecem, perceberemos claramente as relações sociais e econômicas explicitadas nessas construções e em seus entornos.

As idealizações arquitetônicas de qualquer edifício, seja uma casa, escola, fábrica, hospital, campo de futebol etc., pressupõem as relações sociais e políticas presentes na sociedade responsável pelo projeto desse edifício. Ao mesmo tempo, perpetuam aquelas relações condicionando o tipo de uso que a sociedade faz desses edifícios.

Recorde-se da organização espacial das salas de aula da escola em que você estuda/estudou/trabalha. Como são distribuídos os objetos? O que essa disposição indica sobre as relações de poder entre as pessoas que usam aquele espaço? Há diferenças entre os espaços escolares destinados aos alunos e os destinados aos professores? Quais? Agora reflita: quais as alternativas que você já vivenciou, como professor ou como aluno, no que se refere a diferentes disposições dos objetos na sala de aula? Como essa nova organização espacial poderia interferir nas relações de poder e no processo ensino-aprendizagem?

Essas análises do espaço geográfico em escala micro auxiliam-nos a refletir sobre as possibilidades dos estudos em escalas macro. Em termos metodológicos, o encaminhamento proposto é, também, adequado para o ensino nos anos iniciais, pois parte de uma contextualização, tomando o entorno como exemplo, para mais tarde refletir sobre espaços distantes, o que exige abstrações.

Com as crianças dos anos iniciais do ensino fundamental, a análise do espaço geográfico pode partir do próximo, do espaço em que são estabelecidas as relações cotidianas. Porém, muitas vezes o entorno é menos significativo para a criança do que um lugar distante, de onde ela e sua família vieram (se forem migrantes, por exemplo) com o qual tem laços afetivos, culturais etc. Assim, o professor deverá adequar seu encaminhamento metodológico com a realidade e a diversidade presentes na turma, visando alcançar os melhores resultados no que se refere a seus objetivos de ensino, neste caso, a formação de conceitos geográficos.

Existem muitos conceitos e grupos conceituais que auxiliam e enriquecem a leitura do espaço geográfico. Sobre alguns deles tecemos breves considerações (pedagógicas) no terceiro capítulo. No presente capítulo colocaremos em discussão os conceitos considerados fundamentais para a compreensão do espaço geográfico, de acordo com uma seleção organizada por Cavalcanti (1998), mas cientes de que, pelos limites deste trabalho, é impossível discuti-los com profundidade. De acordo com Cavalcanti,

> *A leitura do mundo do ponto de vista de sua espacialidade demanda a apropriação, pelos alunos, de um conjunto de instrumentos conceituais de interpretação e de questionamento da realidade socioespacial. [...] Esses conceitos – lugar, paisagem, região, natureza, sociedade, território – são considerados como conceitos fundamentais para o raciocínio espacial e são citados (com alguma variação) como elementares para o estudo da geografia, pelo seu caráter de generalidade.* (Cavalcanti, 1998, p. 25-26)

O conceito de natureza vem ganhando um novo significado em função da crescente artificialização do meio – consequência da globalização. A partir disso vem a necessidade de rever, também, o conceito de paisagem.

A chamada *primeira natureza* (natural) tem cedido lugar para a segunda natureza, aquela produzida e/ou organizada pelo homem. O meio artificial não predomina apenas na cidade, mas estende-se também para o mundo rural. E um processo de artificialização que vai especializando e equipando os territórios para que o espaço funcione como uma unidade, para que se globalize.

Atualmente, o potencial de um lugar para atrair investimentos do grande capital não é mais seu conjunto de recursos naturais, mas sim o conhecimento técnico-científico e a presença de equipamentos. Desse modo,

> *porções do território assim instrumentalizadas oferecem possibilidades mais amplas de êxito que outras zonas igualmente dotadas de um ponto de vista natural, mas que não dispõem desses recursos de conhecimento. [...] Numa região desprovida de meios para conhecer, antecipadamente, os movimentos da natureza, a mobilização dos mesmos recursos técnicos, científicos, financeiros, organizacionais obterá uma resposta comparativamente mais medíocre.* (Santos, 1996, p. 192)

Por exemplo, se nas proximidades de um determinado lugar há grandes centros de pesquisa, universidades e recursos técnicos que subsidiem possíveis produções agrícolas e/ou industriais, esse lugar despertará mais interesse para o capital ali se instalar (uma grande fábrica, uma agroindústria ou uma moderna fazenda) do que outro, menos equipado, ainda que mais rico em recursos naturais (florestas, solos férteis etc.). É dessa perspectiva que o conceito de natureza, no atual período histórico, perde a força e a importância que tinha em outros tempos, em que a simples presença dos recursos naturais atraía os interesses de localização do capital. Assim, vive-se certo deslocamento do conceito de natureza na geografia.

Quanto ao conceito de paisagem, para a geografia crítica, o aspecto empírico herdado da geografia clássica foi mantido e paisagem é "o domínio do visível, aquilo que a vista abarca. A paisagem não é formada apenas de volume, mas também de cores, movimentos, odores, sons etc." A geografia crítica reconhece a dimensão subjetiva da paisagem, já que o domínio do visível está ligado à percepção e à seletividade, mas acredita que seu significado real é alcançado pela compreensão de sua objetividade. Assim, Santos afirma que

> *nossa tarefa é a de ultrapassar a paisagem como aspecto, para chegar ao seu significado. [...] a paisagem é materialidade, formada por objetos materiais e não materiais. [...] fonte de relações sociais [...] materialização de um instante da sociedade. [...] O espaço resulta do casamento da sociedade com a paisagem. O espaço contém o movimento. Por isso, paisagem e espaço são um par dialético.* (Santos, 1996b, p. 192)

Assim, a paisagem é percebida sensorialmente, empiricamente, mas não é o espaço, é a materialização de um momento histórico. Sua observação serve como ponto de partida para as análises do espaço geográfico, mas é insuficiente para a compreensão dele. Da mesma forma que a paisagem, os demais conceitos geográficos sofreram um processo de revisão desencadeado no contexto da globalização. Os conceitos de região e lugar tiveram seus significados alterados em função do novo papel que o Estado desempenha no atual período histórico. Para Santos (2000), o Estado ainda é um elemento importante na organização do espaço geográfico, embora a soberania nacional esteja abalada nesse período de intensa multinacionalização de organizações e firmas. Redefinem-se as relações entre as porções territoriais do espaço nacional e as empresas multinacionais. Essa redefinição afeta e modifica os conceitos de região e de lugar. Sobre região Santos lembra que

> *No decorrer da história das civilizações, as regiões foram configurando-se por meio de processos orgânicos, expressos através da territorialidade absoluta de um grupo, onde prevaleciam suas características de identidade, exclusividade e limites, devidas à presença desse grupo, sem outra mediação. A diferença entre áreas se devia a essa relação direta com o entorno. Podemos dizer que, então, a solidariedade característica da região ocorria, quase que exclusivamente, em função de arranjos locais.* (Santos, 1996b, p. 193)

Contrário à argumentação de que a globalização tende a eliminar as diferenças regionais do planeta, homogeneizando os espaços e tornando obsoleto o conceito de região, Santos afirma que, no mundo globalizado, em que as trocas são intensas e constantes, a forma e o conteúdo das regiões mudam rapidamente. "Mas o que faz a região não é a longevidade do edifício, mas a coerência funcional, que a distingue das outras entidades, vizinhas ou não" (Santos, 1996b, p. 197).

Gomes, nessa mesma linha de análise, afirma que não é aconselhável esquecer o fundamento político do conceito de região que se baseia no "controle e gestão de um território". Em suas palavras,

> *Se hoje o capitalismo se ampara em uma economia mundial não quer dizer que haja uma homogeneidade resultante*

> *desta ação. Este argumento parece tanto mais válido quanto vemos que o regionalismo, ou seja, a consciência da diversidade, continua a se manifestar por todos os lados. O mais provável é que nesta nova relação espacial entre centros hegemônicos e as áreas sob suas influências tenham surgido novas regiões ou ainda se renovado algumas já antigas.*
> (Gomes, 1995, p. 72)

O conceito de lugar, por sua vez, pode ser compreendido, ao mesmo tempo, por diferentes enfoques teóricos. Por um lado, é no lugar que a globalização acontece. É "um fragmento do espaço onde se pode apreender o mundo moderno" (Carlos, 1996, p. 28). O lugar, cada vez mais, participa das redes e deixa de se explicar por si mesmo. Ganhou novos conteúdos, principalmente técnicos, que hoje definem suas condições de existência com maior pertinência do que os elementos naturais que fazem parte dele. Nessa relação com o global, o lugar traz a discussão dos conceitos de território, de natureza, de técnica, de política, entre outros, tão ricos e necessários às análises mais amplas do espaço geográfico.

Por outro viés, o lugar é o espaço no qual o particular, o histórico, o cultural e a identidade permanecem presentes. Ele revela especificidades, subjetividades, racionalidades próprias do espaço banal, entendido como o espaço de todos, onde convivem a lógica local e a lógica global (Santos, 2000).

De qualquer forma, não se trata mais do lugar autônomo, em que a existência era construída pelas relações técnicas e culturais do grupo social com o meio natural local.

Hoje, o particular e a identidade dos lugares tornam-se visíveis e singulares diante de sua relação com o universal, ao qual estão conectados.

No lugar convivem as relações sociais e econômicas impostas quando uma grande empresa capitalista nele se instala, bem como as relações sociais próprias da cultura local. Assim, a racionalidade do lucro, da exploração do trabalho e da desigualdade convive, nos lugares, com as visões de mundo próprias desses lugares, muitas vezes caracterizadas por relações sociais solidárias (Santos, 2000).

Todas essas reflexões e redefinições conceituais sobre o espaço geográfico trazem para a discussão o conceito de território. Tal discussão emerge, tanto pela conotação política desse conceito quanto pela necessidade de sua redefinição frente à fragmentação do espaço geográfico, causada pela globalização.

O território está ligado à regulamentação das ações, tanto globais quanto locais. As ações globais só podem realizar-se localmente, pois dependem dos sistemas de objetos técnicos, instalados nos territórios. Enquanto o capital tenta criar um governo global (Fundo Monetário Internacional – FMI, Banco Mundial), para intervir nos espaços locais em benefício das grandes empresas, é no lugar e no território que os instrumentos de regulação são constituídos. No território, portanto, seja ele nacional, regional ou local, é que acontecerá a relação dialética de associação e confronto entre o lugar e o mundo (Santos, 2000).

Assim, as novas territorialidades, por exemplo, são formas que a sociedade civil encontrou para enfrentar o domínio dos interesses financeiros e de mercado nesse momento que o Estado parece enfraquecido. Compreender essas novas territorialidades é fundamental para compreensão do espaço geográfico. Assim, a ideia de território passa a considerar, mais do que o Estado, o território nacional. Para Rafestin,

> *Do Estado ao indivíduo, passando por todas as organizações pequenas ou grandes, encontram-se atores sintagmáticos que "produzem" o território. De fato, o Estado está sempre organizando o território nacional [...] O mesmo se passa com as empresas e outras organizações [...] O mesmo acontece com o indivíduo que constrói uma casa [...] Essa produção de território se inscreve perfeitamente no campo de poder de nossa problemática relacional. Todos nós elaboramos estratégias de produção, que se chocam com outras estratégias em diversas relações de poder.* (Rafestin, 1993, p. 152-153)

Para encerrar, mesmo abreviadamente, os apontamentos sobre a construção conceitual que fundamenta a análise do espaço geográfico na atualidade, destacamos as palavras de Santos (1996b, p. 271), quando afirma: "Não existe um espaço global, mas, apenas, espaços da globalização". E é no território que está a "materialidade, esse componente imprescindível do espaço geográfico, que é, ao mesmo tempo, uma condição para a ação e uma estrutura de controle, um limite à ação e um convite à ação" (Santos, 1996b, p. 271).

Esta relação dialética está presente em todos os espaços banais e devolveu ao lugar e ao território um papel de destaque nas análises geográficas.

A revisão conceitual da geografia crítica apresentada neste estudo demonstra não apenas que os autores desprenderam-se da filiação marxista economicista ortodoxa (ao considerar, em suas análises, a subjetividade, a cultura e outras racionalidades), como também conseguiram revisitar os conceitos elaborados por outras correntes da geografia, tornando-os instrumentos teóricos para análise do espaço geográfico na atualidade, mantendo-os na perspectiva crítica.

OUTROS NÚCLEOS CONCEITUAIS PARA LEITURA DO ESPAÇO GEOGRÁFICO

A análise realizada no item anterior refere-se aos conceitos considerados fundamentais para leitura e compreensão do espaço geográfico. Seria reducionismo de nossa parte considerá-los suficientes para tal empreitada.

Temos clareza de que a geografia estabelece interfaces com outras ciências e outras áreas do saber a fim de explicar seu objeto de estudo e de ensino. Em função dessa convicção, transcrevemos, a seguir, uma lista de dezessete núcleos conceituais, sugeridos por Pereira (1994), no sentido de auxiliar o profissional da educação (geográfica) em sua tarefa de alfabetizar o aluno para a leitura do espaço.

QUADRO 1 – NÚCLEOS CONCEITUAIS DA GEOGRAFIA

Núcleos conceituais	*Conceitos básicos*
1	Meio ambiente; biosfera; geossistema; ecossistema; clima; zona terrestre; adaptação ao meio; determinação e determinismo.
2	Ação antrópica; domesticação; sedentarização; nomadismo; migração; população urbana; população rural; cultivos; erosão; regimes demográficos; tradição demográfica; possibilismo.
3	Recursos naturais; recursos não renováveis; avaliação de recursos; substituições de recursos; energia; matérias-primas; conservação; detecção.
4	Degradação do meio; resíduos; industrialização; contaminação; eutrofização ambiental; proteção; desenvolvimento sustentável.
5	Lugar; paisagem; paisagem cultural; paisagem natural; geomorfologia; síntese; morfologia urbana.
6	Percepção; meio percebido; imagem espacial; mapa mental; comportamento espacial; informação; decisão; espaço vivido.
7	Atitudes em relação ao meio; cultura; valores; imagem visual; imagem simbólica; consciência territorial.
8	Localização; coordenadas geográficas; projeção cartográfica; padrões de distribuição espacial; localização absoluta; localização relativa.

(continua)

(Quadro 1 – continuação)

9	Formas de atividade econômica; usos do solo; localização industrial; espaço urbano; interação econômica; planejamento; amostragem espacial.
10	Distância; acessibilidade; centralidade; espaço absoluto; espaço relativo; localização ótima; economias de aglomeração; representação cartográfica.
11	Urbanização; hierarquia urbana; área de influência; aglomeração; área metropolitana; megalópolis; sistema urbano; divisão social e espacial do trabalho; organização/territorialidade interna da cidade.
12	Meios de transporte; rotas; conectividade; fluxos; malha viária; custo de transporte.
13	Diversidade espacial; área; gradiente espacial; descontinuidade; país; região; estado; município; região cultural; organização espacial.
14	Região; região homogênea; região funcional; sistema regional; classificação regional; regionalização; escala; mapa temático; cartograma.
15	Fronteira; fronteiras econômicas, políticas, culturais e religiosas; jurisdição espacial; nação; organização administrativa; soberania territorial; zona econômica; organizações econômicas multinacionais; blocos político-militares; colonialismo; neocolonialismo; geopolítica.

(continua)

(Quadro 1 – conclusão)

16	Relações sociais de produção; modo de produção; formação social; formação espacial; capital; propriedade; trabalho; divisão do trabalho (social e territorial); distribuição de renda; bem-estar social; estratégias espaciais; mundialização.
17	Diferença e desigualdade social; movimentos sociais; marginalização social; pobreza; fome; potencial de desenvolvimento econômico; desenvolvimento; subdesenvolvimento; dependência; hegemonia; segregação espacial.

FONTE: Pereira, 1994, p. 38-43.

SÍNTESE

Neste capítulo, abordamos os conceitos básicos da geografia – lugar, território, região, paisagem, sociedade e natureza – e discutimos o modo como devem ser tratados sob a perspectiva da geografia crítica.

Além disso, apresentamos um quadro com alguns núcleos conceituais fundamentais para ensinar geografia na escola básica e propiciar o entendimento de seu objeto de estudo – o espaço geográfico – em qualquer escala de análise.

INDICAÇÕES CULTURAIS

LIVROS

SOUTTER-PERROT, A. A Terra. São Paulo: Melhoramentos, 1981. (Série Primeiro Livro da Natureza).

Trata-se de uma obra de literatura infantil na qual podem ser trabalhados os conceitos geográficos, como solo, planeta Terra etc. A partir de textos claros e ilustrações fascinantes, a série *Primeiro Livro da Natureza* apresenta uma obra especialmente criada para permitir aos pequenos leitores entre 6 e 8 anos encontrar as suas primeiras indagações sobre a natureza.

PORTELA, F.; VESENTINI, J. W. Êxodo rural e urbanização. São Paulo: Ática, 2004. (Coleção Viajando pela Geografia).

A obra faz parte da coleção *Viajando pela Geografia*, na qual a proposta é tratar da geografia e da ficção. Reúne-se estas duas áreas com o objetivo principal; tornar mais prazeroso a reflexão e o debate sobre o espaço geográfico brasileiro e mundial. Espera-se com isso contribuir para a formação de jovens capazes de responder às demandas de uma sociedade em constante mudança.

LEIG, S. A cidade perdida. São Paulo: Scipione, 1995. (Coleção Pedra no Caminho).

O livro conta uma história muito divertida, cheia de ilustrações com quebra-cabeças para você resolver. As ilustrações são bem simples e os problemas estimulam a curiosidade e o raciocínio dos pequenos leitores.

BRAIDO, E. O açúcar. São Paulo: FTD, 1999. (Coleção É Assim que se faz).

Livro de literatura infantil que trata de conceitos relacionados à geografia, tais como espaço produtivo, lugar, paisagem, sociedade.

ATIVIDADES DE AUTOAVALIAÇÃO

[1] No quarto capítulo estudamos sobre a possibilidade de o espaço geográfico ser lido. Sobre essa afirmação indique se os itens a seguir são (V) verdadeiros ou (F) falsos:

[ ] A alfabetização apenas ocorre quando a criança entra na primeira série do ensino fundamental.

[ ] O objeto de estudo da geografia neste livro foi denominado como *espaço geográfico*.

[ ] O ensino de geografia pode partir do entorno do espaço no qual são estabelecidas as relações cotidianas, mas não pode ser reduzido ao ensino apenas do próximo físico do aluno, esquecendo-se de abordar a relação entre o local e o global.

[ ] A alfabetização cartográfica exige do profissional estudos sobre o que é ser/estar alfabetizado nos diferentes conhecimentos e não o mero domínio do código da escrita.

Indique a sequência correta:

[A] V, V, V, F.
[B] V, F, F, V.
[C] F, V, V, V.
[D] V, F, V, F.

[2] Sobre a formação de conceitos marque (V) para verdadeiro e (F) para falso:

[ ] Os conceitos de natureza, lugar, paisagem, região sociedade e território fazem parte do grupo/quadro conceitual do ensino de geografia.

[ ] O conceito de natureza pode ser definido apenas como a da primeira natureza, ou seja, de uma área intocável pelo homem.

[ ] O conceito de paisagem se define pelo aspecto do espaço que é percebido sensorialmente (visão, olfato etc.), empiricamente, mas não pode ser definida como espaço geográfico.

[ ] Os conceitos não são formados e sim, dados apenas pelo professor por meio de definições prontas para o aluno realizar a mera cópia.

Indique a sequência correta:

[A] V, V, V, F.
[B] V, F, F, V.
[C] F, V, V, V.
[D] V, F, V, F.

[3] Nesse capítulo também tratamos do conceito de lugar. Sobre esse conceito indique (V) para verdadeiro e (F) para falso:

[ ] O lugar não pode ser definido por ser um conceito muito abstrato.

[ ] O conceito de lugar é um dos mais ricos do atual período técnico, pois é no lugar que a globalização acontece.

[ ] Existe uma relação direta entre o local e o global.

[ ] Para definir lugar é preciso entendê-lo como um conceito importante no ensino de geografia.

Indique a sequência correta:

[A] V, V, V, F.
[B] V, F, F, V.
[C] F, V, V, V.
[D] V, F, V, F.

[4] A partir das colocações feitas no capítulo, identifique a alternativa em que as informações sobre a globalização estão corretas:

[A] A globalização tende a eliminar as diferenças regionais do planeta, homogeneizando os espaços, ou seja, a tornar o mundo igual em todos os lugares.

[B] A globalização é só econômica e a economia determina todas as ações humanas, portanto as diferentes culturas estão sumindo e as sociedades serão uma só culturalmente.

[C] A globalização não necessariamente elimina as diferenças regionais do planeta, portanto, não homogeneíza os espaços, ou seja, não torna o mundo igual em todos os lugares.

[D] Globalizar é algo inevitável e, principalmente, inquestionável por nós educadores.

[5] Tendo com referência as reflexões realizadas no quarto capítulo sobre sociedade atual e globalização, é correto afirmar:

[A] A sociedade civil em todos os países está organizada, o que faz com que não tenhamos mais problemas sociais como o da violência urbana, por exemplo.

[B] Viver em sociedade nos dias atuais exige que apenas os governos federais resolvam os problemas sociais.

[C] Com o "enfraquecimento" do chamado *Estado de Bem-Estar*, a sociedade civil criou outras formas de combate ao "império do mercado" e organizou outras maneiras de suprir a ausência do Estado como por exemplo, as ONGs.

[D] Globalização só ocorre nas elites econômicas em todo o mundo.

ATIVIDADES DE APRENDIZAGEM

QUESTÕES PARA REFLEXÃO

[1] Refaça a leitura do capítulo e elabore uma frase que possa servir como manchete de jornal sobre a globalização e a sua cidade.

[2] Tendo como referência as reflexões realizadas no próprio quarto capítulo e por meio de pesquisas em jornais, revistas e internet, responda à seguinte questão: A

globalização está influenciando a vida cotidiana em sua cidade? Como? Dê exemplos.

ATIVIDADE APLICADA: PRÁTICA

Elabore um texto sobre a importância da leitura do espaço geográfico para você, destacando no que concorda ou não com os autores. Em seguida escolha um dos conceitos básicos e relacione-os com a sua prática como educadora ou como estudante, por meio de um pequeno texto narrativo sobre como você ensina ou aprendeu esses conceitos.

cinco...

A alfabetização cartográfica: sua importância para a compreensão/leitura do espaço geográfico

"Qual a diferença entre o desenho ou 'mapa da criança' e os 'mapas de adulto', que frequentemente encontramos nos atlas e livros escolares? Como as crianças constroem e compreendem o espaço em seu entorno? E como podem melhor representá-lo?". Essas são perguntas pertinentes que Almeida (2003) nos faz e que caracterizam o que vem a ser a essência da alfabetização cartográfica.

Essas questões são relevantes para o entendimento de que a representação gráfica do espaço se caracteriza mais como um instrumento na construção do pensamento geográfico do que como um saber acadêmico específico da geografia. E, segundo Almeida,

> *o ensino de mapas e de outras formas de representação da informação espacial é importante tarefa da escola. É função da escola preparar o aluno para compreender a organização espacial da sociedade, o que exige o conhecimento de técnicas e instrumentos necessários à representação gráfica dessa organização.* (Almeida, 2003, p. 17)

Outro geógrafo importante que defende o trabalho sobre a representação gráfica do espaço é Yves Lacoste, citado por Rua, quando afirma que

> *Vai-se a escola para aprender a ler, a escrever e a contar. Por que não para aprender a ler uma carta? [...] Por que não aprender a esboçar o plano de uma aldeia ou do bairro? Por que não representar sobre o plano de sua cidade os diferentes bairros que conhecem, aquele onde vivem, aquele onde os pais das crianças vão trabalhar, etc? Por que não aprender a se orientar, a passear na floresta, na montanha, a escolher determinado itinerário para evitar uma rodovia que está congestionada?* (Rua, 1993)

Há diferentes fontes de representação gráfica das cidades (mapa oficiais, mapas pictóricos, plantas, listas telefônicas, guia turístico etc.). Esse material pode ser muito útil na abordagem pedagógica da representação cartográfica dos espaços vividos e percebidos pelas crianças. Um exemplo de atividade com esse tipo de material é aquela em que os alunos devem localizar pontos de referências, criar trajetos criativos e descrever esses deslocamentos. Para cada uma dessas atividades há que se respeitar a idade da criança e seu domínio da leitura e da escrita. Isso condicionará a escolha do material mais adequado (por exemplo: mapas oficiais para crianças mais velhas e mapas pictóricos para as demais) e toda a organização do trabalho pedagógico. Algumas considerações mais concretas serão desenvolvidas no item seguinte.

A REPRESENTAÇÃO DE DIFERENTES ESPAÇOS: A CASA, A SALA DE AULA, O TRAJETO CASA-ESCOLA, A PLANTA DA QUADRA

A leitura de mapas nem sempre é algo acessível às pessoas. Para que ocorra o desenvolvimento do raciocínio cartográfico na criança, é preciso que o educador saiba a importância de se trabalharem certas noções espaciais com a criança.

Só nos interessamos pelos mapas se aprendemos a lê-los de forma que façamos uma interpretação do que está sendo representado. Na escola, muitas vezes, tínhamos, simplesmente, de fazer cópias de mapas sem compreendermos o que estávamos copiando. Copiar algo é uma atividade mecânica e a compreensão do que está sendo feito fica prejudicada, pois não é possibilitada a reflexão, o pensar sobre como se obtém certo resultado.

O mapa é a representação do real, é a passagem do tridimensional – o modo como vemos os objetos, referente às três dimensões: comprimento, largura e altura – para o bidimensional, o espaço representado no plano. Um exemplo imediato de representação para a criança é a fotografia do nosso rosto, que pode ser representado de vários tamanhos, 2x2, 3x4, 12x12 (pôster) etc.

Para que a criança desenvolva o gosto por assuntos ligados à geografia e, mais especificamente, pela representação do espaço, é preciso proporcionar atividades sobre orientação e localização, tanto dela quanto dos objetos e demais elementos no espaço. Para isso, é preciso orientar a percepção das formas e tamanhos das coisas observadas, além da criação e do reconhecimento dos mais variados códigos que simbolizem os elementos distribuídos no espaço (legenda).

Portanto, um retrato ou uma fotografia é uma imagem de uma pessoa ou de uma paisagem em um determinado momento, registrada em uma folha de papel. O mapa é mais ou menos a mesma coisa: é a imagem de um lugar (país, cidade, região) em um certo momento.

A compreensão da representação do espaço é resultado de um processo longo e deve estar ligada à construção da noção de lateralização, anterioridade e profundidade (perspectiva), além das noções topológicas, euclidianas e projetivas (Almeida, 1989).

Sobre a lateralização, Almeida (2003) afirma: "Atividades de ensino que envolvam relações entre corpo e espaço são necessárias em todas as idades. [...] a orientação espacial está imbricada com a atividade corporal e que os referenciais de localização no espaço têm sua gênese no esquema corporal".

Paralelo ao trabalho com as atividades de esquema corporal, o profissional da educação deve trabalhar com a noção de representação do espaço geográfico por meio do uso de diferentes instrumentos (como o globo e os mapas oficiais) e, principalmente, com a representação de espaços vividos pelas crianças, como a sala de aula, trajeto/caminho que a criança faz no interior da escola ou mesmo da sua casa até a escola.

Quando falamos em representação, é vital que sejam trabalhados os principais elementos que compõem um mapa: o título, a legenda (símbolo) e a ideia de proporcionalidade (escala).

A representação do espaço remete à questão do trabalho com atividades que contribuam na alfabetização do aluno sobre como os diferentes espaços podem ser representados. A sugestão de atividade referente a maquete e a planta da sala de aula é um dos principais exemplos a serem abordados pelo professor.

EIXO: ALFABETIZAÇÃO CARTOGRÁFICA

EXEMPLO 1: A MAQUETE E A PLANTA DA SALA DE AULA

Conteúdo: representação tridimensional (maquete) e gráfica (planta baixa) dos espaços conhecidos: a sala de aula, a escola, a casa, os arredores da escola (bairro).

Objetivos:

1) Identificar os objetos que compõem a sala de aula em sua distribuição, formas, dimensões, quantidades;

2) Representar o espaço da sala de aula em uma maquete construída pelos alunos, observando as relações de formas e proporções entre os objetos reais e as sucatas utilizadas;

3) Desenhar, por meio da observação atenta da maquete, a planta baixa da sala de aula, realizando a passagem da tridimensionalidade para a bidimensionalidade, da visão lateral para a vertical;

4) Realizar uma operação mental intuitiva de redução das dimensões do espaço real para a construção da maquete e da planta da sala de aula, desenvolvendo uma noção elementar de escala.

Encaminhamento metodológico

Professor e alunos devem conversar sobre a sala de aula e fazer uma observação dirigida dos objetos presentes nesse espaço, suas dimensões relativas, formas, proporções, localização e o uso a que cada um se destina. Deve-se registrar no caderno essas observações.

O passo seguinte é a construção coletiva da maquete da sala de aula. Os alunos deverão decidir que sucatas guardam maior correspondência com a forma e as dimensões de cada objeto da sala de aula. As janelas, as portas, o quadro de giz, os cartazes e a decoração pedagógica da sala de aula devem ser representados na maquete.

O professor pode explorar – usando a maquete ou orientando a observação do espaço real da sala de aula – as noções espaciais topológicas elementares: perto, longe, na frente, atrás, ao lado. Por exemplo: o aluno localiza seu lugar na sala de aula usando como referência a proximidade de sua carteira com as paredes da sala (do quadro de giz, do fundo, da janela, da porta) ou com relação aos colegas (eu sento na frente da Maria e atrás do Pedro).

Num segundo momento, é possível usar a maquete para trabalhar a lateralidade e a descentralização do aluno. As noções de direita e esquerda do próprio corpo e o entendimento da lateralidade espelhada e da reversão da ação (descentralização) são fundamentais para a criança se orientar no espaço geográfico, inicialmente a partir de pontos de referência, para mais tarde avançar na compreensão das direções cardeais e colaterais.

É prerrequisito para este trabalho a exploração do esquema corporal das crianças – com atividades como o desenho do contorno do corpo do aluno, no chão ou no papel bobina, ou ainda, a brincadeira da simulação de um banho a partir dos comandos dados pelo professor, fazendo os alunos identificarem a sua direita, a sua esquerda e, posteriormente, a direita e a esquerda de outros colegas.

A construção de um croqui e/ou planta da sala de aula pode ser encaminhada de duas maneiras diferentes. A primeira – e mais fácil, porque não exige raciocínio de escala intuitiva – é cobrir a maquete com um pedaço de plástico transparente e, com canetinhas próprias para transparências, desenhar os objetos da maquete, a partir da visão vertical. Ou seja, a caixinha que representa a carteira do aluno, vista de cima, será representada como um retângulo.

A segunda maneira de fazer a planta da sala é pedir que os alunos observem a maquete de uma visão vertical e desenhem-na em uma folha de sulfite. Essa atividade exige o raciocínio de redução proporcional das medidas da maquete (escala intuitiva – uma vez que a folha de sulfite é menor que a caixa em que foi construída a maquete).

Finalmente, é possível trabalhar a ideia de legenda, pedindo que o aluno observe o desenho/planta baixa da sala de aula e crie códigos/símbolos/cores que identifiquem os objetos representados. Por exemplo: pinte o seu lugar após ter escrito seu nome na carteira; escreva as iniciais dos colegas e professoras em seus respectivos lugares; trace o caminho do seu lugar até a mesa da professora; desenhe o recipiente de lixo no seu lugar usual.

FIGURA 1 – MAQUETE DA SALA DE AULA

FONTE: FOTO DE NEUSA MARIA TAUSCHECK

Essa atividade, aparentemente apenas técnica, é, na verdade, um exercício intenso de observação dirigida do espaço geográfico, de reflexão sobre a distribuição dos objetos e da lógica subentendida nessa organização. Usando esse mesmo procedimento para analisar espaços mais amplos, o aluno estabelecerá relações cada vez mais complexas entre a organização do espaço geográfico e a sociedade que o construiu.

Para que a criança represente o entorno da escola, é preciso que o professor faça um trabalho prévio (teórico, em conjunto com as crianças), no qual, em sala de aula, explicará a importância da observação, destacando alguns pontos de referência que deverão ser vistos. O segundo momento da atividade será o trabalho de campo, ou seja, a saída do educador e das crianças pelas ruas ao redor da escola, levando o material necessário para o registro (desenho) do que for observado.

O professor deverá despertar a atenção das crianças sobre o que está sendo observado (características dos arredores da escola quanto aos espaços existentes e suas funções), através de perguntas:

> Como são as casas (material, tamanho, estética)?
> Há prédios em que a função não seja residencial?
> Que funções são exercidas nesses prédios (comércio, serviços, indústria)?
> Qual a natureza dessas funções (o que se vende, que serviço se presta, o que se fabrica)?
> As pessoas que trabalham nesses lugares moram nos arredores ou vêm de longe? Existem árvores e rios?
> Qual o nome deste rio?, entre outras.

O educador poderá direcionar a observação também para os códigos criados pelo homem para se orientar no espaço e para os criados para facilitar o seu deslocamento no espaço.

Ex.: nome das ruas, números das casas, placas de sinalização, fluxo de pedestres, automóveis, entre outros.

Para finalizar a atividade, os alunos, juntamente com o educador, conversarão sobre o que foi visto, mostrarão os desenhos feitos, além de escreverem um texto coletivo. Na construção da maquete do entorno da escola e sua respectiva planta baixa, serão representados os pontos de referências observados, tanto os elementos construídos pelo homem quanto os criados pela natureza. A exploração crítica dessa maquete e dessa planta será efetivada com a discussão sobre a dinâmica social que a organização desse espaço oportuniza. É possível problematizar, por exemplo, as questões ambientais e de infraestrutura (calçamento, transporte, iluminação pública etc.) observadas pelos alunos e as relações de trabalho estabelecidas na materialidade (prédios) do lugar: de onde vêm os trabalhadores, quais as suas condições de vida, entre outras questões.

EXEMPLO 2: A LEITURA DE MAPAS SOBREPOSTOS

Outra atividade muito explorada e já bastante sugerida em livros e manuais didáticos refere-se à leitura de mapas sobrepostos. Tem um grau de complexidade maior, por isso, deve ser desenvolvida com alunos que já consigam ler um mapa e elaborar um texto a partir dessa leitura.

Sugere-se, inicialmente, o trabalho com a sobreposição de dois mapas (do mesmo lugar e na mesma escala) cujos temas estabeleçam relações que o professor queira descobrir/

discutir com seus alunos. Por exemplo: sobrepor os mapas da densidade demográfica e da hierarquia urbana do estado. São identificadas as relações que podem ser estabelecidas entre eles, e é elaborado um texto sobre essa leitura. Depois, é sobreposto o mapa da hierarquia urbana ao da distribuição industrial. Eles são analisados, as relações entre eles verificadas e o texto, escrito anteriormente, enriquecido.

Esse é o espírito dessa atividade. Ela é bastante complexa, exige prerrequisitos na alfabetização cartográfica e um planejamento de aula muito claro e preciso. Porém, é uma bela atividade para o estudo de espaços geográficos mais amplos, nos quais a aula de campo se torna uma possibilidade remota.

Não pretendemos dar conta das possibilidades de exploração pedagógica dessas atividades. Nosso objetivo não é montar um receituário de aulas de geografia, mas apenas dar indicativos de alguns encaminhamentos metodológicos cuja finalidade consiste em despertar o interesse e a criatividade do professor para que ele avance e crie aulas mais interessantes e produtivas do as sugeridas aqui.

Queremos finalmente argumentar que a alfabetização cartográfica é importante para além de seu aspecto técnico de decodificação de códigos. É fundamento para a leitura de espaços geográficos "visitados", muitas vezes, apenas através dos atlas. Se o mapa passa a ser um "texto" para o aluno, ele é passível de leitura e interpretação, traz informações que podem ser discutidas e analisadas. Sobretudo, deixa de ser aquele instrumento de tortura pedagógica, em que o aluno copia e pinta, por obrigação, algo que nada significa para ele.

SÍNTESE

No quinto capítulo abordamos questões referentes ao eixo alfabetização cartográfica:

› A representação gráfica do espaço é um instrumento para a construção do pensamento geográfico.
› Só nos interessamos pelos mapas se aprendemos a lê-los de forma que façamos uma interpretação do que está sendo representado.
› O mapa é a representação do real, é a passagem do tridimensional – o modo como vemos os objetos, referente às três dimensões: comprimento, largura e altura – para o bidimensional, o espaço representado no plano.
› Os principais elementos que compõem um mapa são; o título, a legenda (símbolos) e a proporcionalidade (escala).
› A alfabetização cartográfica é fundamento para a leitura de espaços geográficos. Se o mapa passa a ser um "texto" para o aluno, ele é passível de leitura e interpretação, e traz informações que devem ser discutidas.

INDICAÇÕES CULTURAIS

CD-ROM EDUCACIONAL

DIAS, N. W. et al. Sensoriamento remoto: aplicações para a preservação, conservação e desenvolvimento sustentável da Amazônia. São José dos Campos, 2003. 1 CD-ROM.

Consiste em um *software* interativo desenvolvido em multimídia que contém áudio, ilustrações e animações destinados a ensinar os princípios gerais de preservação e conservação, as características naturais e humanas da Região Amazônica, e os princípios e conceitos de sensoriamento remoto e do processamento de imagens.

LIVRO

COLEÇÃO PRIMEIROS MAPAS. São Paulo: Ática, 1993. 4 v.

Essa coleção oferece as bases para a interpretação, a construção e o uso adequado dos mapas. Enfim, uma verdadeira alfabetização em cartografia. É composta dos livros textos e os respectivos cadernos de atividades.

ATIVIDADES DE AUTOAVALIAÇÃO

[1] Nas afirmações a seguir sobre a alfabetização cartográfica e o ensino de geografia na educação básica, identifique quais são verdadeiras (V) e quais são falsas (F):

[ ] A alfabetização cartográfica refere-se exclusivamente ao ato de ensinar os alunos a pintar mapas a localizar os diferentes territórios e suas capitais.

[ ] A alfabetização cartográfica é um dos eixos do ensino da geografia e merece estudos teórico-metodológicos a seu respeito.

[ ] A alfabetização cartográfica refere-se à representação gráfica do espaço e é mais um instrumento na construção do pensamento geográfico.

[ ] A alfabetização cartográfica também está relacionada com a compreensão de que o mapa é a representação plana do espaço.

Indique a sequência correta:

[A] F, V, V, F.

[B] F, F, V, V.

[C] V, V, V, V.

[D] F, V, V, V.

[2] Na citação de Yves Lacoste da página 118, o autor (Rua, 1993) descreve a importância da representação gráfica. A partir da citação das informações presentes no capítulo, destaque o que é verdadeiro (V) e o que é falso (F):

[ ] Ensinar a ler mapas/carta geográfica não deve acontecer antes que a criança tenha dez anos de idade.

[ ] Ensinar a ler as diferentes representações gráficas, na geografia na educação infantil e nos anos iniciais do ensino fundamental, é tão necessário quanto ensinar o aluno a ler, a escrever e a contar.

[ ] Ensinar a ler um mapa é muito difícil, portanto, não dever ser visto com um conteúdo de geografia na educação infantil e nos anos iniciais do ensino fundamental.

[ ] Atividades como a confecção de uma maquete da sala de sala contribuem no processo de compreensão do mapa.

Indique a sequência correta:

[A] F, V, F, V.
[B] F, F, V, V.
[C] F, F, V, F.
[D] V, F, V, F.

[3] Sobre o encaminhamento a ser dado à alfabetização cartográfica, assinale (V) para verdadeiro e (F) para falso:

[ ] A leitura de mapas nem sempre é acessível às pessoas.

[ ] A leitura de mapas exige que os alunos apenas copiem vários mapas.

[ ] A leitura de mapas exige do profissional da educação conhecimento sobre orientação, localização e percepção do espaço representado.

[ ] O mapa é composto de elementos como: título, legenda e escala.

Indique a sequência correta:

[A] F, V, V, F.
[B] V, V, V, F.

[C] F, F, V, F.
[D] F, F, V, V.

[4] Nesse capítulo foram vistas breves ideias sobre a representação gráfica. A respeito dessa questão é correto afirmar:

[A] As representações gráficas se resumem aos mapas oficiais, e a escola deve apenas trabalhar com essa fonte de representação, pois a escola é o lugar de uma única verdade científica.

[B] As representações gráficas são encontradas em diferentes fontes que podem ser usadas na abordagem pedagógica da representação cartográfica dos espaços vividos e percebidos pela criança.

[C] As representações cartográficas pouco auxiliam no ensino da geografia e devem estar associadas apenas à chamada *geografia tradicional*.

[D] As representações gráficas do espaço não fazem parte do ensino de geografia.

[5] Quando se fala sobre como ocorre a compreensão da representação do espaço, é correto afirmar:

[A] A compreensão do espaço é resultado de um processo longo e deve estar ligado também à construção das noções de lateralidade, anterioridade e profundidade, entre outras.

[B] Atividades que desenvolvam a compreensão da organização dos espaços são inatingíveis pela criança pequena, portanto não devem ser aplicadas nas séries iniciais da educação básica.

[C] Compreender a organização do espaço requer pouco conhecimento dos alunos e dos professores, pois isso já faz parte do dia a dia deles.

[D] A alfabetização cartográfica não é conteúdo geográfico.

ATIVIDADES DE APRENDIZAGEM

QUESTÕES PARA REFLEXÃO

[1] Tendo como referência a afirmação de que a alfabetização cartográfica faz parte do ensino de geografia, reflita sobre como os livros didáticos dessa disciplina, os que você tem acesso, trabalham com as representações gráficas. Por exemplo: se as representações gráficas estão relacionadas com o texto, se há qualidade gráfica (cores, legendas são fáceis de ler/legíveis) etc.

[2] A partir da sugestão de atividade presente no exemplo 1 (da maquete e a planta da sala de aula) reflita sobre quais outras possibilidades metodológicas podem contribuir na alfabetização cartográfica do aluno da educação infantil e anos iniciais do ensino fundamental.

ATIVIDADE APLICADA: PRÁTICA

Entreviste um professor de geografia e/ou das séries iniciais do ensino fundamental que já trabalhou com as representações cartográficas. Elabore algumas perguntas sobre o uso das representações cartográficas na escola, investigando se esse tema aparece na prática dos professores em geral e, em especial, na do professor entrevistado. Se não for comum o trabalho com as representações cartográficas, analise o porquê e como reverter esta situação.

seis...

Recursos e metodologias para o ensino da geografia

A transcrição a seguir foi retirada do livro *A construção do conhecimento em sala de aula*, de Celso Vasconcelos.

> *Se eu fosse professor*
>
> *Se eu fosse professor eu não seria muito durão. Deixaria as crianças perguntarem e não ficarem com dúvida. Seria um professor que deixaria conversar baixo, isso na hora que não estiver explicando alguma coisa. Faria uma explicação com a participação dos alunos. Exigiria respeito. Ajudaria os alunos com dificuldade. Daria lição de casa para exercitar a lição dada na sala de aula. Não teria prova, mas sim uma avaliação, para concluir se o aluno está com dificuldade. Trabalharia numa escola pública e meu dever seria ensinar. A criança deve ser respeitada, aprender a ter opinião. Eu acho que com esse método seria um bom professor. Tiago – 4ª série São Paulo, 26 de agosto de 1992.* (Vasconcelos, 1995)

Trazê-la para iniciar este capítulo tem o objetivo de provocar reflexões sobre a prática cotidiana docente na elaboração das aulas e no compromisso com a educação.

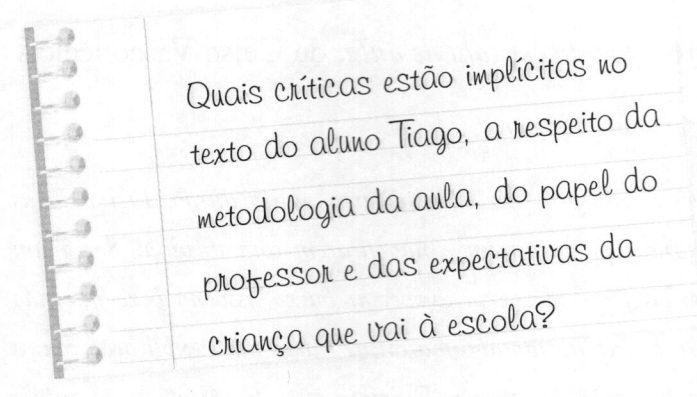

> Quais críticas estão implícitas no texto do aluno Tiago, a respeito da metodologia da aula, do papel do professor e das expectativas da criança que vai à escola?

A partir dessas indagações/provocações iniciais, colocaremos em discussão algumas questões sobre a metodologia de ensino. Porém, antes de abordar pontualmente o ensino da geografia, vamos pensar no planejamento das aulas. Para isto, contaremos com o apoio de Vasconcelos (1995). De acordo com o autor, o encaminhamento metodológico para um conteúdo e/ou unicidade de estudo deve contemplar três momentos: "a mobilização para o conhecimento; a construção do conhecimento e a elaboração e expressão da síntese do conhecimento" (Vasconcelos, 1995).

A necessidade de uma mobilização para o conhecimento vem da exigência de se estabelecer um vínculo entre o sujeito da aprendizagem e o objeto de estudo. Ou seja, é necessário que o aluno tenha uma ligação direta com o que ele está por aprender. É preciso que o objeto seja significativo para o sujeito. Não basta apresentá-lo ao aluno como necessário, só porque faz parte do conteúdo programático a ser estudado no ano*. Este argumento é autoritário e inverte a relação sujeito-objeto, dando ao segundo uma autonomia irreal. Daí a argumentação de Vasconcelos, com a qual concordamos, sobre a importância da mobilização para o conhecimento. Em suas palavras, essa ação visa "possibilitar o vínculo significativo inicial entre sujeito e objeto, provocar a necessidade, acordar, desequilibrar, fazer a 'corte'. [...] tornar o objeto em questão objeto do conhecimento para aquele sujeito" (Vasconcelos, 1995).

De acordo com Vasconcelos (1995), na construção do conhecimento ocorre "o confronto entre o sujeito e o objeto, onde o educando possa penetrar no objeto, apreendê-lo em suas relações internas e externas, captar-lhe a essência." Esse é o momento da análise. O aluno deve ter oportunidade de pensar, refletir, elaborar perguntas e problematizar o objeto de estudo. Para tanto, precisa estabelecer relações com esse objeto, por meio da pesquisa e do diálogo**. Com essa postura pedagógica, a aula expositiva perde sua centralidade absoluta e só volta a ter sentido quando é adjetivada como *dialogada*.

---

* Diferentemente de outras disciplinas, o objeto de estudo da geografia é algo palpável e facilmente vislumbrado pelos nossos alunos, até mesmo por estar presente no seu cotidiano. Sabendo disso, nada mais interessante do que apresentar a este aluno o que ele vai estudar de uma forma desmistificada.

** Dentro da ideia que aqui defendemos, o aluno passa, de mero espectador da aula expositiva, a ser pensante e que raciocina com completude todos os elementos que irão compor o espaço geográfico. Não podemos esquecer que esse mesmo aluno, na maioria das vezes, já conhece esses elementos, porém não dentro da sistematização acadêmica (universitária) ou da forma programática (conteúdo).

Finalmente, o encaminhamento metodológico deve contemplar o momento em que o aluno elabora e expressa – por escrito, oralmente ou por meio das mais diversas linguagens – a síntese do conhecimento construído. É nesse momento que ele estará organizando seu pensamento – condição da expressão – e incorporando conceitos. Como você já deve ter percebido em outros momentos, defendemos a participação do aluno na construção do saber, seja na sala de aula ou fora dela. Cremos que a postura do professor como poço único de sabedoria, muito comum no passado, deve ser superada e, preferencialmente, abolida de nossa prática cotidiana.

Defendemos que o ato de levar em consideração esses três momentos do encaminhamento metodológico consiste numa postura política do profissional da educação (no caso, do professor de geografia) que queira um aluno sujeito, capaz de elaborar perguntas antes de buscar possíveis respostas e, posteriormente, fazer intervenções na realidade.

Balizados pelos argumentos de Vasconcelos, tomaremos como apoio as reflexões de Kaercher (1999) referentes ao ensino da geografia. Esse autor parte de uma crítica à metodologia tradicional expositiva, na qual o professor "repassa" dados e informações que o aluno deve decorar e devolver na prova. A geografia, compreendida como compêndio, como uma ciência enciclopédica sobre o mundo, resulta em aulas enfadonhas, a partir das quais os conteúdos impostos devem ser memorizados. Para romper com essa concepção teórica da geografia e essa prática pedagógica, Kaercher

(1999) propõe metodologias de ensino que mostrem aos alunos o quanto a geografia está presente em seu cotidiano, em seu vocabulário.

Embora tecnicamente mais fácil e com um grau de dificuldade menos elevado, esse tipo de aula expositiva e enfadonha, com base na "decoreba" e na descrição dos fenômenos, nos leva obrigatoriamente a algumas reflexões, tais como:

› Qual é o perfil do aluno que queremos formar como a nossa atuação de professor?
› Qual é a capacidade de raciocínio que ajudamos este aluno a desenvolver?
› Que tipo de cidadão, no futuro, será este nosso aluno incapaz de pensar a sua participação na sociedade?

As indicações e sugestões sobre recursos e encaminhamentos metodológicos para o ensino da geografia existem em muitos livros, artigos e periódicos relacionados à educação. Porém, antes de nos entusiasmarmos com uma receita de atividade aparentemente interessante é preciso analisá-la, refletir sobre sua adequação à turma e à série, investigar todas as possibilidades que ela proporciona no que se refere aos objetivos de ensino a serem atingidos. Mesmo com toda a boa vontade, podemos incorrer inconscientemente em situações que colocarão por água abaixo todo o trabalho efetuado.

Para tanto, é preciso fugir da armadilha das aulas espetáculo, nas quais muitos materiais são manuseados, observados, até construídos pelos alunos, sem que haja compreensão do que estão fazendo, nem clareza dos objetivos daquela atividade. Isso acontece muito quando o professor não planeja suas aulas e pensam nos recursos como argumentos autossuficientes para a aprendizagem. Se existe uma grande verdade sobre os recursos didáticos, é a afirmação de que os mesmos não podem ser vistos como "muleta" para disfarçar o despreparo do professor. Estes instrumentos sempre devem ser pensados e adequados à série e ao conteúdo que será trabalhado.

Tomemos como exemplo as "famosas" aulas em vídeo, nas quais os alunos dispersam sua atenção, conversam o tempo todo e, no final, sequer conseguem responder qual era o assunto do filme*. Outro exemplo é o das aulas em que a construção de maquetes é imposta aos estudantes: elas são montadas sob muita confusão e, quando concluídas, são, no máximo, expostas no pátio da escola, ou simplesmente esquecidas sobre o armário da sala de aula.

No ensino de geografia, o uso de imagens (fotografias, filmes, desenhos, *slides*, fotos aéreas, cenas de telejornal, novelas etc.) é sempre um recurso interessante. Ao analisarmos as imagens podemos ter uma ideia da realidade, contudo temos que nos conscientizarmos de que esta visão compreenderá apenas uma visão parcial do todo. Para uma compreensão mais abrangente, teremos que vislumbrar elementos para além da escala visível. Essas diferentes formas de interpretação

---

* Sabemos que as aulas de vídeo, para serem realmente proveitosas, não podem tomar mais do que 10/15 minutos, sendo esse tempo suficiente para trabalhar o conteúdo com um trecho de filme e ao mesmo tempo prender a atenção dos alunos.

se mostrarão imprescindíveis para a diferenciação entre a paisagem e o espaço (como conceituados anteriormente), entre versão e fato. Conforme o encaminhamento pedagógico, elas tornam-se instrumentos para desvelar ideologias, compreender relações sociais, políticas e étnicas, entre outras, presentes em no nosso cotidiano, no entorno, na mídia*.

FIGURA 2 – ÁREA DE PROSPECÇÃO DE PETRÓLEO
NA BACIA SEDIMENTAR DA AMAZÔNIA

FONTE: PHOTORESECUCHERS/LATINSTOCK

* Da mesma forma que, ao adotarmos um ou outro conceito, explicitamos as nossas vertentes teóricas ideológicas, ao apresentá-los em sala de aula, muitas vezes vamos influenciar também os nossos alunos.

FIGURA 3 – BAIRROS DE SÃO PAULO.

FONTE: LATINSTOCK BRASIL/BRASIL/ LATINSTOCK

Observar e descrever uma imagem da Floresta Amazônica ou da cidade de São Paulo são atividades simples e possíveis de serem realizadas sem muito esforço. Porém, analisar as relações que esses lugares estabelecem entre si e, através delas, compreender uma parte da dinâmica espacial do Brasil não é tão simples. Para isso, faz-se necessário uma pesquisa mais profunda, que vai além da simples observação e descrição da paisagem. Por exemplo: você sabia que boa parte dos recursos naturais que movem a indústria paulista vem da região amazônica? Ou, ainda, que a mão de obra que trabalha nessa indústria é, em grande parte, nordestina?

Por isso, dizemos que trabalhar com imagens (fotografias, slides, cartões postais etc.) é uma atividade interessante, mas que requer planejamento cuidadoso, objetivos claros e, sobretudo, muita pesquisa para investigar o que a imagem/

paisagem não é capaz de revelar por si mesma. Assim, é pouco produtivo, por exemplo, mostrar aos alunos paisagens rurais e urbanas para que eles as diferenciem, ou imagens do sertão, do cerrado e da floresta, para que percebam suas discrepâncias. Isso não é o estudo do espaço geográfico, não os ajuda a ler o espaço. Eles apenas memorizam suas características visíveis. Porém, contextualizar a apresentação de tais imagens com as relações políticas, econômicas e culturais das respectivas paisagens e investigar a dinâmica social que as constrói/destrói constituem, sim, um belo encaminhamento metodológico. Um estudo adequado das imagens/paisagens pode nos revelar elementos que não estão presentes em primeiro plano. Um bom professor saberá fazer essa leitura para conduzir os seus alunos à análise do espaço geográfico que não se encontra evidente "a olho nu". Da mesma forma como o uso/análise superficial de imagens pode nos levar a cometer erros em sala de aula.

Um exemplo disso pode ser a imagem a seguir. Ao analisarmos de maneira simplória, poderíamos dizer que ela retrata uma região com farta arborização, de uma cidade pouco populosa e com baixa densidade de povoamento. Contudo, ao olharmos com mais atenção para a imagem, podemos perceber que se trata do centro de São Paulo, uma das cidades mais ocupadas populacionalmente do planeta. Sabendo disso já podemos ter consciência de que nossa ideia inicial de grande arborização não condiz com a realidade de e que nossa análise simplória fatalmente nos levaria a abordar temas/conteúdos não condizentes com o espaço geográfico naquele local.

Castellani (1999), em seu artigo *Proposta para uma leitura significativa das paisagens brasileiras*, desenvolve detalhadamente a metodologia que utilizou com seus alunos, partindo de fotos e imagens de paisagens brasileiras para compreender as complexas relações que se estabelecem nas e entre as regiões do Brasil.

Em seu encaminhamento, propõe iniciar o trabalho distribuindo aos alunos fotos de paisagens brasileiras, sem a identificação do lugar que representam. O professor solicita que verbalizem oralmente as impressões que a imagem recebida causou, que façam uma descrição por escrito dela, que escrevam uma poesia sobre ela (ou parte dela), enfim, que explorem as diversas possibilidades de linguagem para cada um "falar" sobre a paisagem que lhe coube.

No segundo momento da atividade, os alunos trocam entre si os registros escritos sobre suas paisagens (mas não revelam para o colega a foto que analisaram) e cada um vai pesquisar em atlas, livros, periódicos e tentar descobrir a qual lugar do Brasil o material do colega se refere. Só na etapa final é que o professor identifica cada foto/paisagem para os alunos. Veja que, antes da revelação, além do exercício de observação e descrição, houve o uso de diferentes linguagens para retratar a paisagem, permitindo a produção de textos carregados de emoções, diferentes dos textos pretensamente científicos.

A pesquisa realizada na segunda etapa da atividade, fundamentada em fontes de diversos tipos e aliada ao mistério de não saber a localização da paisagem, leva o aluno a estabelecer relações de diversas naturezas entre os dados que tem sobre a imagem, o seu conhecimento prévio das paisagens brasileiras e os dados levantados nas pesquisas feitas. É um exercício de investigação bastante instigante, cujo final (quando o professor identifica cada paisagem) é sempre a constatação de que houve acertos, muitas aproximações com a realidade e, sobretudo, o desenvolvimento do raciocínio geográfico. Nessa atividade, podemos claramente observar que os alunos terão que dar o seu máximo para buscar o conhecimento da imagem que lhes coube. Da mesma forma, o aluno terá que possuir já uma concepção prévia da formação natural do nosso país, para poder identificar a imagem descrita por seu colega de turma.

Quanto ao trabalho com filmes de cinema nas aulas de geografia, embora seja comum, ele pode ser mais complicado do que parece. É preciso ter cuidado com os estereótipos, com as mensagens ideológicas e com a autenticidade das imagens. Barbosa nos alerta sobre essas questões:

> *Além de construções cenográficas apoiadas em telas panorâmicas (utilizadas também no teatro), nos quais belas e bucólicas paisagens podem ser retratadas sem as marcas vivas da história, ou mesmo da (re)criação de florestas e ilhas paradisíacas em estúdio, a produção fílmica opera a ambiência de roteiros em lugares que guardam características visuais assemelhadas aos projetados para a ação. Desse modo, a região norte-canadense pode tornar-se a Sibéria nos filmes de espionagem produzidos no período da Guerra Fria, assim como as florestas da América Central podem ser tomadas como o Vietnã, para os norte-americanos expiarem seus fracassos e culpas em virtuais vitórias. Tais substituições chegam ao extremo da vulgaridade, porém passam desapercebidas ao olhar da maioria do público espectador.*
> (Barbosa, 1999, p. 117-118)

O americano, branco, é sempre o herói; o aventureiro, o caçador, o mais inteligente e corajoso que qualquer outro grupo étnico/cultural. Filmes como *A sombra e a escuridão* e *Montanhas da Lua* demonstram isto. A superioridade do branco ocidental alia-se à visão preconceituosa nas questões de gênero – mulheres latino-americanas são sempre as prostitutas dos filmes ou, no mínimo, promíscuas; mulheres árabes são sempre representadas por odaliscas; e o papel da mocinha, com direito a um final feliz, é reservado à atriz norte-americana.

Quanto à organização social, nos filmes ocidentais, as sociedades não organizadas em Estados* são geralmente vistas como não civilizadas. Nesse sentido, é enriquecedor discutir com os alunos o conceito de civilização e propor reflexões sobre o que podemos aprender com as sociedades chamadas de *primitivas*. Afinal, em tempos nos quais se fala amplamente da multiculturalidade, nos quais se acena com a bandeira da sociodiversidade – inclusive na proposta curricular oficial brasileira – é preciso trazer esses temas para a discussão, sem arrogância, sem egocentrismo e, principalmente, sem preconceitos.

Enfim, esses são apenas alguns exemplos trazidos à discussão no artigo de Barbosa, para que reflitamos com cuidado sobre o uso de filmes como recurso didático nas aulas de geografia. Como já afirmamos anteriormente, mais do que simplesmente "colocar os alunos para assistir filmes", devemos nos preocupar com a relação que se quer transmitir com esta aula diferenciada e quais conteúdos, conceitos e visões serão passados aos alunos.

---

* Portanto, não obedecendo à composição socialda hegemonia ocidental.

Considerações similares são válidas para aulas em que o professor pretende contextualizar a cartografia, indo da maquete ao mapa, fazendo de seu aluno antes um mapeador para depois torná-lo um leitor de mapas. Insistimos, o recurso metodológico não "faz mágica", embora seja capaz de prender a atenção do aluno. Essa atenção é momentânea e sem frutos duradouros. É o professor que deve mobilizá-lo para o conhecimento. Depois dessa mobilização, cabe ainda ao educador orientar a construção do conhecimento e a expressão de sua síntese. Deixar o processo pela metade pode ser muito frustrante para o aluno. Diante disso devemos ter clara a nossa participação como educadores comprometidos com a cidadania futura deste nosso aluno.

Orientar a construção de maquetes não é uma tarefa simples. Requer um trabalho prévio de observação do espaço a ser representado*, análise das suas dimensões e dos objetos que o compõem, estabelecimento de proporções (ainda que intuitivas) – tanto na representação tridimensional do espaço (maquete) quanto na bidimensional posterior (planta) – disponibilização do material necessário, organização dos alunos etc. A maquete, por si só, não explica a dinâmica social do espaço geográfico nela representado. É preciso partir para pesquisas mais profundas sobre aquele espaço geográfico, para compreender realmente a lógica de sua

---

* Cabe ressaltar que, embora geralmente apenas o professor faça esta análise prévia do espaço a ser representado, é interessante que, na medida do possível, toda a sala se mobilize para este reconhecimento, tornando-o em esta uma atividade de análise do espaço geográfico já no âmbito da elaboração da atividade.

organização. Portanto, ao planejar uma aula em que se pretenda construir maquetes com seus alunos, o professor deverá refletir sobre algumas questões:

> Como a construção de maquetes pode contribuir para a alfabetização cartográfica dos meus alunos?
> Construir maquetes facilita a leitura do espaço geográfico em sua complexidade?
> Como é possível explorar a maquete enquanto recurso didático durante e depois de sua construção?

É possível verificar problematizações similares ao pensar em aulas de campo, também chamadas de *estudos do meio*, *visitas urbanas* e/ou *rurais*, *observações da paisagem natural* e/ou *construída*. Esse tipo de aula é sempre bem recebido pelo aluno. Ele sai do ambiente escolar, da organização espacial da escola, rompendo, parcialmente e por alguns momentos apenas, com as relações sociais e políticas nela implícitas. É importante ressaltar que primeiro na aula de campo costumeiramente tem sido utilizada de maneira diametralmente oposta à sua concepção inicial. Em diversos casos pensamos a aula de campo para, posteriormente, pensarmos no conteúdo a ser trabalhado nela. A relação deve ser a oposta. A aula de campo enquanto prática diferenciada de transmissão do conteúdo deve auxiliar e complementar o que já foi trabalhado.

Então, ao preparar uma aula de campo, o professor deverá ter em mente algumas questões, tais como:

> Por que fazer uma aula de campo para este conteúdo?
> Como mobilizar o aluno para esta empreitada?

> O que investigar?
> Como investigar?
> Com que instrumentos de levantamento de dados?
> Como orientar a elaboração e a expressão da síntese no final desta atividade?.

Uma das práticas mais corriqueiras nas aulas de campo é justamente a de levar os alunos para dar uma volta nos arredores da escola em que estudam. Essa prática pode ser ao mesmo tempo interessante e complicada. Interessante porque o aluno tende a reconhecer diversos elementos alheios ao ambiente escolar, uma vez que estes mesmos elementos são cotidianos e próximos à sua vivência. Morando próximos às escolas, os alunos tendem a já conhecer (mesmo que superficialmente) as ruas, as casas, os locais e todos os elementos a serem abordados nesta aula de campo. Dessa forma, a aula de campo pode ser também complicada, pois não haverá transmissão de conteúdo e uma análise das condições geográficas locais.*

Talvez as reflexões mostradas tenham esclarecido por que insistimos na importância do planejamento e na consideração dos três diferentes momentos das aulas, defendidos por Vasconcelos. Sabemos que elas não encerram as discussões

---

* Caso você tenha interesse em se aprofundar nessas reflexões, sugerimos a seguinte referência: NIDELGOFF, M. T. **A escola e a compreensão da realidade.** São Paulo: Brasiliense, 1987.

sobre recursos e metodologias de ensino da geografia*. Porém, nosso objetivo não era listar receituários de aulas "diferentes". Criá-las é uma tarefa que compete a todos nós. A proposição de elementos diferenciados para a prática da geografia deverá ser uma tarefa cotidiana do educador consciente.

Temos consciência de que esta obra é mais provocativa do que esclarecedora. Nas diversas partes do texto, afirmamos, mais de uma vez, que as colocações nele feitas não são verdades definitivas, nem receitas infalíveis. Acreditamos na construção do conhecimento docente como algo coletivo, resultado de experiências compartilhadas. Assim, nosso texto é um pouco de nossas leituras e de nossa vivência em sala de aula, compartilhadas com vocês.

Sabemos que nossa obra tem um posicionamento político-pedagógico definido. Não acreditamos na inocência, tampouco na neutralidade do saber. É no posicionamento do profissional da educação, implícito e explícito neste texto, que acreditamos. Essa falsa neutralidade científica já fora em muito superada. E, se a ciência (como um todo) não é neutra, não seriam as nossas práticas cotidianas que atingiriam esta imparcialidade. Neste trabalho, você pode observar o nosso posicionamento político-pedagógico e

---

* Entre outros recursos existentes poderíamos ainda ressaltar a polivalência dos quadrinhos (charges/*cartoons*) e das músicas na composição de uma aula. Tais instrumentos podem facilmente ser encontrados e adaptados para uma boa aula de geografia. Algo positivo na utilização de charges é o seu potencial de politização e atualidade. Estes elementos tendem a demonstrar rápida e claramente ao que se propõem.

ideológico claramente exposto. Embora tenhamos plena convicção do que narramos neste livro, o nosso intuito não é doutrinário. Da mesma forma que o aluno deve ter seus horizontes ampliados. Acreditamos que a missão deste material é ampliar os horizontes da análise, da compreensão e da visão do universo escolar – particularmente do meio da disciplina da geografia.

Um professor que contextualiza o que ensina, que não ignora os conhecimentos de seu aluno e que os explora, que se esforça no sentido de tornar o saber sedutor para o aluno, torna-se atraente e significativo para ele. Esse é o professor de geografia que queremos. Seu aluno saberá ler o espaço geográfico e, se um dia alguém perguntar a ele o que é geografia e o que ela estuda, será capaz de responder com objetividade, clareza e segurança. A nossa esperança é a de que a geografia lecionada nas escolas tome um rumo diferenciado do da época em que estudamos* naqueles mesmos bancos escolares.

SÍNTESE

Neste capítulo você pôde observar algumas práticas diferenciadas para a construção didática da disciplina de geografia. Levando em conta a diferenciação que estabelecemos no início deste material, ao ler este último capítulo você pôde compreender formas e linguagens para uma melhor relação da geografia em sala de aula. Dentro dessa

---

*Nós três, autores deste material, e você que o lê.

ideia você pode contar com a presença de diferentes linguagens e metodologias na docência geográfica. Entre outras coisas, ao escrever este capítulo tentamos lhe passar a ideia da superação das velhas práticas escolares pelas novas práticas e metodologias. Com este intuito, apresentamos algumas possibilidades, como a utilização de filmes, fotografias, *cartoons* e músicas em suas aulas. Mas lembrem os que a utilização dessas linguagens diferenciadas não se justifica pela simples utilização e não fazem, sozinhas, do seu utilizador um bom professor, e, sim, quando há uma criticidade presente na sua utilização.

INDICAÇÕES CULTURAIS

LIVRO

NIDELCOFF, M. T. A escola e a compreensão da realidade. São Paulo: Brasiliense, 1987.

Neste livro, Maria Teresa Nidelcoff, educadora argentina conhecida internacionalmente, afirma que o papel do professor é ajudar as crianças a ver e compreender a realidade. A autora argumenta que é necessário que os educadores proporcionem aos seus alunos instrumentos para a análise da realidade e os inicie na experiência da reflexão e da ação em grupo.

ATIVIDADES DE AUTOAVALIAÇÃO

[1] A respeito dos procedimentos necessários para o planejamento de uma aula, assinale (V) para as afirmativas verdadeiras e (F) para as falsas:

[ ] O professor deve pensar em estratégias que apresentem o conteúdo de modo significativo para o aluno e o mobilize para os estudos.

[ ] Não é necessário planejar o desenvolvimento da aula, pois ao mobilizar o aluno para a pesquisa, ela acontecerá naturalmente.

[ ] A construção do conhecimento deve ser o momento mais rápido da aula para não tornar o ensino enfadonho e desmotivar o aluno.

[ ] No desenvolvimento da aula o professor deverá usar estratégias e materiais que estimulem a pesquisa e a construção de conceitos por parte do aluno.

Indique a sequência correta:

[A] V, V, F, F.
[B] F, F, V, V.
[C] F, F, V, F.
[D] V, F, V, F.

[2] O uso de imagens nas aulas de geografia é uma das estratégias de ensino mais importantes. Sobre essa questão, assinale (V) para as afirmativas verdadeiras e (F) para as falsas:

[ ] As imagens não precisam, necessariamente, ter relação com os textos que as acompanham nos livros

e textos didáticos, pois seu caráter ilustrativo é suficiente para a compreensão das mesmas.

[ ] As imagens devem ser mobilizadas para a pesquisa e para a construção dos conceitos geográficos.

[ ] As imagens, sejam trechos de filmes, *slides*, fotos ou gravuras, devem ser sempre ponto de partida para a aula e nunca mera ilustração das explicações do professor.

[ ] As imagens servem para desenvolver apenas o conceito de paisagem, pois, a partir delas, o único encaminhamento metodológico possível é a descrição minuciosa da área retratada.

Indique a sequência correta:
[A] V, V, F, F.
[B] F, V, V, F.
[C] F, F, V, F.
[D] V, F, V, F.

[3] Sobre o uso de filmes (cinema, trechos de programas de TV) com o recurso pedagógico para as aulas de geografia, assinale (V) para as afirmativas verdadeiras e (F) para as falsas:

[ ] O uso de filmes em sala de aula é considerado o melhor recurso metodológico, pois, em algumas ocasiões, pode substituir o professor, prendendo a atenção dos alunos.

[ ] Os filmes e programas de TV, como recursos metodológicos, são uma garantia de aulas espetáculo, objetivo primeiro de um bom professor de geografia.

[ ] Entre os cuidados necessários com o uso de filmes como recurso didático está na preocupação com a veiculação dos que contenham estereótipos e preconceitos a respeito de outros lugares e sociedades.

[ ] Ao usar filmes ou programas de TV como recurso metodológico, o professor deve estar atento aos pressupostos políticos e ideológicos que há neles.

Indique a sequência correta:
[A] V, F, F, F.
[B] F, F, V, V.
[C] F, F, V, F.
[D] V, F, V, V.

[4] A respeito da construção de maquetes como recurso metodológico das aulas de geografia, assinale a alternativa correta:

[A] Não há necessidade de orientação prévia do professor para que os alunos construam maquetes, pois basta que eles observem o lugar a ser representado para saberem construir a respectiva maquete.

[B] A construção de maquete é um recurso metodológico limitado, pois serve para desenvolver apenas algumas noções cartográficas.

[C] Construir maquetes é uma atividade pedagógica pouco indicada para alunos dos anos iniciais do ensino fundamental, pois necessita de muita disciplina e organização dos alunos.

[D] A construção de maquetes, além da compreensão de alguns elementos cartográficos quando associada à pesquisa, possibilita a análise da paisagem, do lugar e do espaço geográfico representados.

[5] A aula de campo é, talvez, o recurso metodológico mais tradicional e antigo utilizado para as aulas de geografia. Sobre os cuidados que antecedem a preparação de uma aula de campo, assinale a afirmativa correta:

[A] O professor deve elaborar um roteiro prévio do que deseja pesquisar, mas não precisa, necessariamente, ter visitado a área a ser estudada.

[B] Os alunos devem ter clareza sobre o que vão analisar, devem ter seus papéis e responsabilidades definidos, além dos instrumentos de pesquisa/entrevista elaborados previamente.

[C] A aula de campo, também chamada de aula passeio, tem como principal função a descontração e a confraternização entre os alunos.

[D] Não é necessário um planejamento prévio para a aula de campo, pois sem roteiros pré-definidos a liberdade conduzirá a observação dos alunos e os resultados serão mais ricos.

ATIVIDADES DE APRENDIZAGEM

QUESTÕES PARA REFLEXÃO

[1] Pesquise sobre a importância político-pedagógica do planejamento prévio das aulas a partir do pressuposto de que o aluno deverá construir seu conhecimento, para além de

um papel passivo no processo de ensino-aprendizagem.

[2] Pesquise a respeito de outros recursos e encaminhamentos metodológicos para o ensino de geografia, além dos discutidos no livro, e indique suas possibilidades e limites.

ATIVIDADES APLICADAS: PRÁTICA

[1] Faça um texto síntese do conteúdo do sexto capítulo tomando o roteiro a seguir como orientador da sua redação:
- [A] A importância de estratégias para a mobilização dos alunos para o conhecimento e, na sequência, para a construção do conhecimento.
- [B] Os principais recursos e metodologias para o ensino de geografia e as características pedagógicas de cada um deles.

[2] Observe, por uma semana, as aulas de um docente, em qualquer turma dos anos iniciais do ensino fundamental, e elabore um relatório sobre os encaminhamentos teórico-metodológicos usados por esse professor para o ensino de geografia.

[3] Faça considerações sobre os limites e as possibilidades que você identificou na prática pedagógica observada e fundamente seus argumentos nas bibliografias indicadas no nosso livro.

considerações finais

A conclusão de um livro é sempre uma tarefa difícil, principalmente de um material como este. Sabemos que terminar um trabalho é complicado, sempre ficamos com a ideia de ter "deixado algo pra trás", sempre há mais alguma coisa que gostaríamos de ter dito além do que está presente. Imaginem então a dificuldade de ter que colocar um ponto final numa produção como este livro. Ao construir este livro pensamos, antes de mais nada, nos conteúdos que deveriam ser discutidos e também nas (pequenas) provocações que gostaríamos de fazer.

Sempre dissemos que esta obra não tinha o intuito de ser um compêndio de análises, muito menos uma "receita de bolo". Essa não era a nossa ideia. Ao escrevê-la, pensamos na concepção geográfica que gostaríamos que fosse aplicada em sala de aula e que também aplicamos. Procuramos ultrapassar a ideia de que a geografia é uma ciência de síntese, bem como a velha concepção de que é uma matéria voltada tão somente para a memorização – concepção esta que muitas vezes nos foi passada quando éramos nós os alunos. O pressuposto da compreensão geográfica através de múltiplas análises e vertentes de observação foi um dos fundamentos deste livro.

No decorrer dos capítulos, apresentamos inovações tecnológicas para a concepção geográfica. Como você pôde perceber durante a leitura, não foi apenas o conteúdo da disciplina de geografia que sofreu mudanças, mas, principalmente, sua forma de compreendê-lo.

A nossa intenção, com este livro, foi a de fornecer subsídios para que seja construída uma geografia diferente da que nos foi ensinada. Desta forma seremos capazes de contribuir com a formação crítica dos nossos alunos e, aos poucos, da sociedade em que vivemos.

Esperamos que nossos anseios se concretizem e que o livro possa ser útil nesse sentido.

glossário

Civilização: O conceito de civilização refere-se a uma grande variedade de fatos: ao nível da tecnologia, ao desenvolvimento dos conhecimentos científicos, às ideias religiosas e aos costumes. Pode se referir ao tipo de habitações ou à maneira como homens e mulheres vivem juntos, à forma de punição determinada pelo sistema judiciário ou ao modo como são preparados os alimentos.

ELIAS, N. O processo civilizador. Rio de Janeiro: Zahar, 1994, v. 1.

Conquistas cultas: Expressão usada pelo geógrafo alemão F. Raztel associada ao conceito de civilização e à ideia de progresso intelectual e científico de um povo, obtido por meio da reflexão filosófica, do aprimoramento das relações sociais, do domínio da natureza, e do desenvolvimento tecnológico.

MORAES, A. C. R. (Org.). Ratzel. São Paulo: Ática, 1990. (Coleção Grandes Cientistas Sociais, v. 59).

Croquis: Representação gráfica de uma porção do espaço sem uso rigoroso das convenções cartográficas. Esboço, em breves traços, de desenho ou de pintura.

FERREIRA, A. B. de H. **Novo Dicionário Aurélio da Língua Portuguesa**. 2. ed. Rio de Janeiro: Objetiva, 2001. p. 503.

Desterritorializadas: Aquilo que sofreu processo de desterritorialização. Desterritorialização é a marca da chamada *sociedade pós-moderna*, dominada pela mobilidade, pelos fluxos, pelo desenraizamento e pelo hibridismo cultural. A desterritorialização do tempo e do espaço manifesta-se na esfera da economia, da política, da cultura, implicando a acentuação e generalização de novas possibilidades de ser, agir, sentir, pensar, imaginar, na medida em que liberta horizontes. Esse é um fenômeno próprio da globalização.

CAVALCANTI, L. de S. **Geografia, escola e construção de conhecimentos**. Campinas: Papirus, 1998.

Dialética: "a dialética é o movimento pelo qual as realidades sociais se desdobram e dão origem a novas realidades. É, portanto, algo inerente ao movimento da história, à vida de qualquer sociedade. Mas a 'dialética' é também a concepção metodológica que permite captar esse movimento da história, não apenas no estudo do passado ma do próprio presente".

MALAGODI, E. O que é materialismo dialético. São Paulo: Brasiliense, 1988.

Ecletismo: Posição intelectual ou moral caracterizada pela escolha, entre diversas formas de conduta ou opinião, das que parecem melhores, sem observância duma linha rígida de pensamento.

FERREIRA, A. B. de H. **Novo Dicionário Aurélio da Língua Portuguesa**. 2. ed. Rio de Janeiro: Objetiva, 2001. p.616.

Empirismo: Doutrina ou atitude que admite, quanto à origem do conhecimento, que este provenha unicamente da experiência, seja negando a exigência de princípios puramente racionais, seja negando que tais princípios, embora existentes, possam, independentemente da experiência, levar ao conhecimento da verdade.

FERREIRA, A. B. de H. **Novo Dicionário Aurélio da Língua Portuguesa**. 2. ed. Rio de Janeiro: Objetiva, 2001. p. 637.

Entorno: Conceito da geografia que define uma porção do espaço com uma proximidade subjetiva e euclidiana do foco do estudo. Circunvizinhança, área vizinha. Região que se situa em torno de determinado ponto.

FERREIRA, A. B. de H. **Novo Dicionário Aurélio da Língua Portuguesa**. 2. ed. Rio de Janeiro: Objetiva, 2001. p 663.

Espaço vivido: Refere-se ao espaço físico vivenciado através do movimento e do deslocamento. É apreendido pela criança através de brincadeiras ou de outras formas ao percorrê-lo, delimitá-lo ou organizá-lo segundo seus interesses.

ALMEIDA, R. D. de; PASSINI, E. Y. O espaço geográfico ensino e representação. São Paulo: Contexto, 1991.

Espaço vital: Conceito criado pelo geógrafo alemão F. Ratzel para designar a necessidade de expansão das conquistas territoriais necessárias aos povos considerados civilizados. Eles precisavam de mais espaço (vital) para darem continuidade ao seu progresso e, ao mesmo tempo, para expandirem os frutos de sua civilização.

MORAES, A. C. R. (Org.). **Ratzel**. São Paulo: Ática, 1990. (Coleção Grandes Cientistas Sociais, v. 59).

Espaço percebido: Refere-se ao espaço que não precisa mais ser experimentado fisicamente. Trata-se do espaço percorrido que a criança da escola primária é capaz de lembrar-se, tal como o percurso de sua casa até a escola.

ALMEIDA, R. D. de; PASSINI, E. Y. O espaço geográfico ensino e representação. São Paulo: Contexto, 1991.

Estado de Bem-Estar: é um tipo de organização política e econômica que coloca o Estado (país) como promotor (protetor e defensor) social e organizador da economia. Nesta orientação, o Estado combate a anarquia econômica liberal. No lugar de ser árbitro de conflitos, postado acima da sociedade civil (à maneira liberal), passa a intervir na economia, investindo em indústrias estatais, subsidiando empresas privadas na indústria, na agricultura e no comércio, e exercendo controle sobre preços, salários e taxas de juros. Assume para si um conjunto de encargos sociais ou serviços públicos, entendidos como direitos sociais reinvindicados pela classe trabalhadora: saúde, educação, moradia, transporte, previdência social, salário desemprego, salário-família etc. Além dos direitos sociais, também atende demandas de cidadania política, como o sufrágio universal.

CHAUI, M. Convite à filosofia. 13. ed. São Paulo: Ática, 2004.

Estado supranacional: O "Estado supranacional" visa conciliar os objetivos de países mais e menos desenvolvidos, bem como os objetivos das empresas e das sociedades locais. Isso significa, no modelo da interdependência, um crescimento nos países menos desenvolvidos, por incentivos ao investimento de capital originado nos países mais desenvolvidos, de modo que se tenha uma balança financeira positiva também nesses últimos. Existe uma busca de qualidade do investimento de capital coerente com o sistema capitalista e as funções do

Estado. Um bom investimento é aquele que gera riquezas e emprego e cria valor nos países investidores e receptores, a fim de proporcionar lucro para as empresas e empregos e mercadorias para a sociedade. A conclusão subseqüente de como obter uma qualidade dos investimentos de capital, uma vez que esse envolve mais de um Estado, além de empresas e organizações representantes da sociedade, é a proposta para uma negociação política. Se a negociação era importante internamente em um país, passa a ser ainda mais importante entre países. A função de negociação de um "Estado supranacional" passa pelo incentivo aos fóruns interdependentes de negociação, visando a garantias de cidadania.

SILVA, J. V. da. A verdadeira paz: desafio do Estado democrático. **São Paulo em Perspectiva**, São Paulo v. 16, n. 2, p. 36-43, 2002.

Fisicidade: "a fisicidade do espaço geográfico nada mais é do que a dimensão espacial das dinâmicas que o constroem. Essas dinâmicas, por sua vez, são dadas pelas relações que se processam no interior das sociedades e entre estas e os demais elementos da natureza".

PEREIRA, D. Geografia escolar: identidade e interdisciplinaridade. In: CONGRESSO BRASILEIRO DA GEOGRAFIA, 5., 1994, Curitiba. **Anais**. Curitiba: AGB, 1994.

Geografia crítica: Movimento de renovação do pensamento geográfico iniciado após a Segunda Guerra Mundial, que tomou corpo na década de 1960 do século XX, envolvendo pensadores de diversos países do mundo, inclusive do Brasil.

"A geografia crítica ou radical não apresenta uniformidade de pensamento, nem forma propriamente uma escola. Costuma-se catalogar neste grupo geógrafos que se conscientizaram da existência de problemas muito graves na sociedade em que vivem e compreenderam que [...] a neutralidade científica é uma forma de esconder os compromissos políticos e sociais. [...] Nesse grupo observam-se grandes subdivisões, como a corrente formada por geógrafos não marxistas, mas comprometidos com reformas sociais, geógrafos com formação anarquista [...] e geógrafos de formação marxista".

ANDRADE, M. C. de. Geografia ciência da sociedade. São Paulo: Atlas, 1987.

Globalização: "A globalização é, de certa forma, o ápice do processo de internacionalização do mundo capitalista. Para entendê-la, como, de resto, a qualquer fase da história, há dois elementos fundamentais a levar em conta: o estado das técnicas e o estado da política. [...] No fim do século XX e graças aos avanços da ciência, produziu-se um sistema de técnicas presidido pelas técnicas da informação que passaram a exercer um papel de elo entre as demais, unindo-as e assegurando ao novo sistema técnico uma presença planetária. Só que a globalização não é apenas a existência desse novo sistema de técnicas. Ela é também o resultado de ações que asseguram a emergência de um mercado dito global, responsável pelo essencial dos processos políticos atualmente eficazes. [...] Um mercado global utilizando esse sistema de técnicas avançadas resulta nessa globalização perversa [...]"

SANTOS, M. Por uma outra globalização. São Paulo: Record, 1996.

Horizontalidades: Expressão usada por Milton Santos para denominar as dinâmicas dos espaços locais onde as mais variadas razões coexistem. As horizontalidades ocorrem nos espaços em que a lógica do capital existe, mas não predomina; onde há coexistência de várias lógicas locais, solidárias entre si.

SANTOS, M. Por uma outra globalização. São Paulo: Record, 1996.

Neoliberalismo: O que chamamos de *neoliberalismo* é uma teoria econômico-política formulada em 1947 por um grupo de economistas, cientistas políticos e filósofos que opunham-se ao surgimento do Estado de bem-estar social de estilo keynesiano e socialdemocrata.

Navegando contra a corrente das décadas de 1950 e 1960, esse grupo elaborou um detalhado projeto econômico e político no qual atacava o Estado de bem-estar social com seus encargos sociais e com sua função de regulador das atividades do mercado. Afirmava que esse tipo de experiência destruía a liberdade dos cidadãos e a competição, sem as quais não haveria prosperidade.

O Estado neoliberal, proposto por esse grupo, deveria ter as seguintes características:

> ser um Estado forte para quebrar o poder dos sindicatos e movimentos operários, controlar o dinheiro público e cortar drasticamente os encargos sociais e os investimentos na economia;
> ter como meta principal a estabilidade monetária, que contém gastos sociais e restaura a taxa de desemprego necessária para formar um exército industrial de reserva, quebrando o poderio dos sindicatos;
> realizar uma reforma fiscal e incentivar investimentos privados;
> afastar-se da regulação da economia, abolir investimentos estatais na produção, criar forte legislação antigreve e um vasto programa de privatizações.

CHAUÍ, M. Convite à filosofia. 13 ed. São Paulo: Ática, 2004.

Noções euclidianas: São as relações espaciais que se referem ao surgimento da noção de coordenadas que situam os objetos uns em relação aos outros e que englobam o lugar do objeto e seu deslocamento em uma mesma estrutura.

ALMEIDA, R. D. de; PASSINI, E. Y. O espaço geográfico ensino e representação. São Paulo: Contexto, 1991.

Noções projetivas: São as relações espaciais que se referem ao aparecimento da perspectiva que traz uma alteração qualitativa na concepção espacial da criança, que passa a conservar a posição dos objetos e alterar o ponto de vista na observação do espaço geográfico.

ALMEIDA, R. D. de; PASSINI, E. Y. O espaço geográfico ensino e representação. São Paulo: Contexto, 1991. (adaptado)

Noções topológicas elementares: São as relações espaciais que se estabelecem no espaço próximo usando referenciais elementares como: dentro, fora, ao lado, na frente, atrás, perto, longe, etc. Não são consideradas distâncias, medidas e ângulos. (Almeida; Passini, 1991)

ALMEIDA, R. D. de; PASSINI, E. Y. O espaço geográfico ensino e representação. São Paulo: Contexto, 1991.

Racionalismo: "A palavra *racionalismo* deriva do latim *ratio*, que significa 'razão'. O termo *racionalismo* é empregado, na filosofia, de muitas maneiras. Aqui, o termo está sendo empregado para designar a doutrina que deposita total e exclusiva confiança na razão humana como instrumento capaz de conhecer a verdade. Ou, como recomendou o filósofo racionalista Descartes, nunca nos devemos deixar persuadir senão pela evidência de nossa razão.

Os racionalistas afirmam que [...] somente a razão humana, trabalhando com os princípios lógicos, pode atingir o conhecimento verdadeiro, capaz de ser universalmente aceito. Para o racionalismo, os princípios lógicos seriam inatos na mente do homem. Daí por que a razão deve ser considerada como a fonte básica do conhecimento."

OLIVEIRA, C. G. M. de. Racionalismo × empirismo. Disponível em: <http://www.jornalfilosofiavirtual.jex.com.br/filosofia/racionalismo+x+empirismo>. Acesso em: 10 mar. 2010.

Razão instrumental: Termo usado pela primeira vez pelos filósofos alemães da escola de Frankfurt, que defendia o conceito de racionalidade ocidental como instrumentalização da razão. A razão instrumental, para tais filósofos, surgiu quando o sujeito do conhecimento toma a decisão de que conhecer é dominar e controlar a natureza e os seres humanos.

A crítica feita é que na medida em que a razão se tornou instrumental a ciência deixou de ser uma forma de acesso aos conhecimentos e passou a ser um instrumento de dominação, poder e exploração.

Para que isso não fosse percebido, então, a razão instrumental passou a ser sustentada pela ideologia cientificista. A escola e os meios de comunicação de massa sustentam essa ideologia ao fortalecerem uma fé inquestionável na ciência. Assim, a ciência deixou de ser compreendida como uma produção histórica e social e tornou-se um mito da sociedade contemporânea.

CHAUÍ, M. **Convite à filosofia**. 13 ed. São Paulo: Ática, 2004. p. 237.

Verticalidades: Expressão usada por Milton Santos para denominar as dinâmicas dos espaços locais onde a lógica econômica das grandes firmas transnacionais predomina, tornando esses lugares nós de redes globais. Neles, a lógica da racionalidade instrumental governa a vida e as relações sociais.

SANTOS, M. Por uma outra globalização. São Paulo: Record, 1996.

ADAS, M. Geografia. São Paulo: Moderna, 1984. v. 1-4.

ALMEIDA, R. D. de. Do desenho ao mapa: iniciação cartográfica na escola. São Paulo: Contexto, 2003.

referências

ALMEIDA, R. D. de; PASSINI, E. Y. O espaço geográfico: ensino e representação. São Paulo: Contexto, 1989.

ANDRADE, M. C. de. Geografia, ciência da sociedade. São Paulo: Atlas, 1987.

ANTUNES, A. do R.; MENANDRO, H. F.; PAGANELLI, T. Estudos sociais: teoria e prática. Rio de Janeiro: Access, 1993.

BARBOSA, J. L. Geografia e cinema: em busca de aproximações e do inesperado. In: CARLOS, A. F. A. (Org.). A geografia na sala de aula. São Paulo: Contexto, 1999. p. 117-118.

BELTRAME, Z. V. Geografia ativa. São Paulo: Ática, 1987. 4 v.

BRABANTE, J. M. Crise da geografia, crise da escola. In:

OLIVEIRA, A. U. de (Org.). Para onde vai o ensino da geografia? São Paulo: Contexto, 1989.

BRASIL. Ministério da Educação. Secretaria de Ensino Fundamental. Parâmetros e Referenciais Curriculares Nacionais. Brasília, 1996.

CARLOS, A. F. A. O lugar no/do mundo. São Paulo: Hucitec, 1996.

CARRAHER, T. N. (Org.). Aprender pensando: contribuições da psicologia cognitiva para a educação. 12. ed. Petrópolis: Vozes, 1998.

CASTELLANI, I. N. Proposta para uma leitura significativa das paisagens brasileiras. Revista Alfageo, São Paulo, v. 1, n. 1, maio 1999.

CAVALCANTI, L. de S. Geografia e práticas de ensino. Goiânia: Alternativa, 2002.

_____. Geografia, escola e construção de conhecimentos. Campinas: Papirus, 1998.

CORRÊA, R. L. Região e organização espacial. São Paulo: Ática, 1986.

_____. Espaço, um conceito chave da geografia. In: CASTRO, I. E. de; GOMES, P. C. da C. da C.; CORREA, R. L. (Org.). Geografia: conceitos e temas. Rio de Janeiro: Bertrand Brasil, 1995.

CUBERES, M. T. G. Educação infantil e séries iniciais: articulação para a alfabetização. Porto Alegre: Artes Médicas, 1997.

FOUCAULT, M. Microfísica do poder. 5. ed. Rio de Janeiro: Graal, 1985.

FOUREZ, G. A construção das ciências: introdução à filosofia e à ética das ciências. São Paulo: Ed. da Unesp, 1995.

GIROUX, H. Praticando estudos culturais nas faculdades de educação. In: SILVA, T. T. (Org.). Alienígenas na sala de aula: uma introdução aos estudos culturais. Petrópolis: Vozes, 1995.

GOMES, P. C. da C. Geografia e modernidade. Rio de Janeiro: Bertrand Brasil, 1996.

_____. O conceito de região e sua discussão. In: CASTRO, I. E. de; GOMES, P. C. da C.; CORRÊA, R. L. (Org.). Geografia: conceitos e temas. Rio de Janeiro: Bertrand Brasil, 1995.

KAERCHER, N. A. Desafios e utopias no ensino de geografia. Santa Cruz do Sul: Edunisc, 1999.

KRAMER, S. Propostas pedagógicas ou curriculares: subsídios para uma leitura crítica. Educação & Sociedade, Campinas, v. 18, n. 60, dez. 1997.

LA BLACHE, P. V. de. As características próprias da geografia. In: CHRISTOFOLETTI, A. Perspectivas da geografia. São Paulo: Difel, 1982.

LACOSTE, Y. A geografia: isso serve em primeiro lugar para fazer a guerra. Campinas: Papirus, 1988.

LEME, D. M. P. O ensino de estudos sociais no primeiro grau. São Paulo: Atual, 1996.

MORAES, A. C. R. Geografia: pequena história crítica. São Paulo, Hucitec, 1983.

MORAES, A. C. R. Ideologias geográficas. São Paulo: Hucitec, 1988.

MOREIRA, J.; SENE, E. Geografia para o ensino médio. São Paulo: Scipione, 2002.

OLIVA, J. T. Temas da geografia do Brasil. São Paulo: Atual, 1999.

OLIVEIRA, A. U. A Geografia agrária e as transformações territoriais recentes no campo brasileiro. In: SANTOS, M. Novos caminhos da geografia. São Paulo: Contexto, 1999.

PASSINI, E. Y. Alfabetização cartográfica. Belo Horizonte: Ed. da UFMG, 1994.

PEDRA, J. A. A complexidade da definição curricular. Educar em Revista, Curitiba, n. 12, 1988.

PEREIRA, D. Geografia escolar: identidade e interdisciplinaridade. In: CONGRESSO BRASILEIRO DE GEOGRAFIA, 5., 1994, Curitiba. Anais... Curitiba: AGB, 1994. p. 76-83.

PIAGET, J. O nascimento da inteligência na criança. São Paulo: LTC, 1987.

PORTELA, R.; CHIANCA, R. M. B. Didática dos estudos sociais. São Paulo: Ática, 1990.

RAFESTIN, C. Por uma geografia do poder. São Paulo: Ática, 1993.

RATZEL, F. Geografia Política. In: MORAES, A. C. R. (Org.). Ratzel. São Paulo: Ática, 1990. (Coleção Grandes Cientistas Sociais, v. 59.).

RUA, J. Para ensinar geografia: contribuição para o trabalho com 1º e 2º graus. Rio de Janeiro: Access, 1993.

SANTOS, M. A natureza do espaço: técnica e tempo razão e emoção. São Paulo: Hucitec, 1996a.

_____. Metamorfoses do espaço habitado. São Paulo: Hucitec, 1988.

_____. Por uma outra globalização. Rio de Janeiro: Record, 2000.

_____. Técnica, espaço, tempo: globalização e meio técnico-científico informacional. São Paulo: Hucitec, 1996b.

VASCONCELOS, C. A construção do conhecimento em sala de aula. São Paulo: Libertad, 1995.

VESENTINI, J. W. Geografia crítica. São Paulo: Ática, 1988.

_____. Geografia e ensino: textos críticos. Campinas: Papirus, 1995.

_____. Por uma geografia crítica na escola. São Paulo: Ática, 1992.

VIGOTSKI, L. Pensamento e linguagem. São Paulo: M. Fontes, 1993.

VLASH, V. Geografia em debate. Belo Horizonte: Lê, 1990.

WALLON, H. As origens do pensamento na criança. São Paulo: Manole, 1989.

ALMEIDA, R. D.; PASSINI, E. Y. O espaço geográfico: ensino e representação. São Paulo: Contexto, 1989.

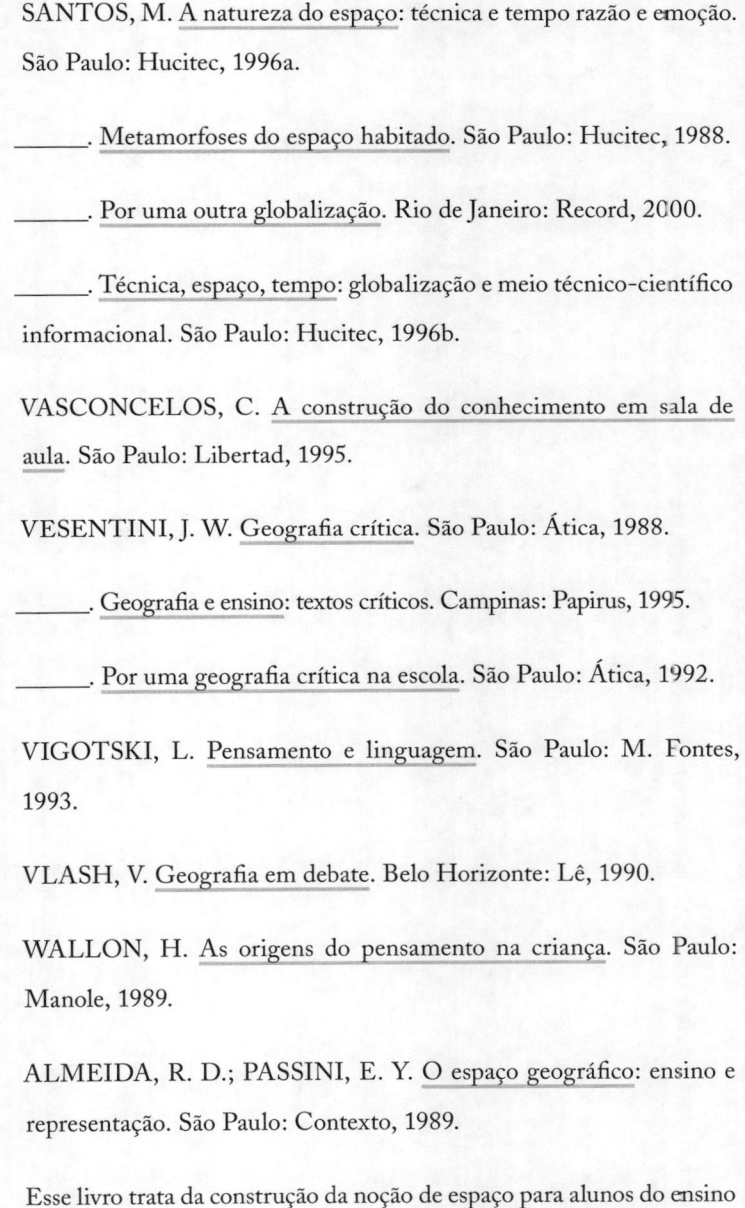

Esse livro trata da construção da noção de espaço para alunos do ensino fundamental e traz propostas de atividades para promover, com eles, a representação gráfica desse espaço. As autoras elaboraram uma série de

bibliografia comentada...

atividades minuciosamente descritas que resgatam as vivências espaciais das crianças. É indicado para professores de todas as séries do ensino fundamental e estudantes de geografia, pedagogia e magistério.

CARLOS, A. F. A. (Org.). A geografia na sala de aula. São Paulo: Contexto, 1999.

Esse livro é composto por artigos de vários autores em discussões sobre como ensinar geografia para alunos cercados de estímulos virtuais, que exigem relações de ensino aprendizagem mais dinâmicas e contextualizadas. Nesse livro, o leitor vai encontrar uma abordagem de temas variados como cartografia, cidadania, cinema, televisão, metrópole, educação e compromissos, sempre relacionados ao ensino da geografia.

CAVALCANTI, L. de S. Geografia, escola e construção do conhecimento. Campinas: Papirus, 1998.

Esse livro sugere aos professores de geografia que direcionem sua ação docente para o desenvolvimento de um pensar geográfico pelos alunos. A geografia ocupa, no currículo escolar, um lugar privilegiado na formação da cidadania participativa e da crítica. Ela ajuda os alunos a pensarem na realidade e atuarem nela do ponto de vista da espacialidade, dimensão cada vez mais valorizada pela ciência geográfica, dada a complexidade do mundo atual. A abordagem dos conceitos básicos da geografia e a discussão sobre como os alunos aprendem esses conceitos é o foco desse livro.

MORAES, A. C. R. Geografia: pequena história crítica. São Paulo: Hucitec, 1983.

A geografia quase sempre falou de árvores. Ao falar dos homens, colocou-os como elementos da paisagem, analisou-os como se analisam árvores e rochas. É essa a memória incômoda que acompanha o pensamento geográfico. Assim, esse livro faz um percurso crítico pelas diversas correntes do pensamento geográfico, disseca cada uma delas e apresenta o amplo processo renovador pelo qual a geografia tem passado. Tal processo é entendido como um pressuposto para a construção do saber geográfico mais generoso, orientado no sentido do progresso social.

SANTOS, M. Por uma outra globalização. São Paulo: Record, 2000.

Nessa obra, o geógrafo Milton Santos defende a ideia de que é preciso uma nova interpretação do mundo contemporâneo, uma análise multidisciplinar, que tenha condições de destacar a ideologia na produção da história, além de mostrar os limites do seu discurso diante da realidade vivida pela maioria dos países do mundo. A informação e o dinheiro acabaram por se tornar vilões na medida em que a maior parte da população não tem acesso a ambos. São os pilares de uma situação em que o progresso técnico é aproveitado por um pequeno número de agentes globais em seu benefício exclusivo. Resultado: aprofundamento da competitividade, confusão dos espíritos e empobrecimento crescente das massas, enquanto os governos não são capazes de regular a vida coletiva. Apesar disso, o autor reconhece o começo de uma evolução positiva nas pequenas reações que ocorrem na Ásia, na África e na América Latina. Talvez possa ser este o caminho que conduzirá ao estabelecimento de uma outra globalização. A proposta desse livro é levar uma mensagem de esperança na construção de um novo universalismo, menos excludente.

respostas

CAPÍTULO 1

ATIVIDADES DE AUTOAVALIAÇÃO

[1] A
[2] B
[3] C
[4] B
[5] A

ATIVIDADES DE APRENDIZAGEM

QUESTÕES PARA REFLEXÃO

[1] Espera-se que o aluno consiga estabelecer uma relação, baseada no texto, sobre o que a geografia estuda e como essa ciência se constrói.

[2] Espera-se que seja estabelecida a relação entre a geografia e a sua co-relação política. Existe uma grande necessidade de utilizar a geografia para compreender a política, espera-se que isto seja observado na resposta do aluno.

CAPÍTULO 2

ATIVIDADES DE AUTOAVALIAÇÃO

[1] C
[2] A
[3] D
[4] C
[5] D

ATIVIDADES DE APRENDIZAGEM
QUESTÕES PARA REFLEXÃO

[1] O aluno deverá demonstrar conhecimento acerca das mudanças mundiais impulsionadas pela bipolarização mundial, para isso ele deverá explorar as suas consequências imediatas, como a Guerra Fria.

[2] Nesta resposta o aluno deverá considerar as relações geopolíticas do período recente. Espera-se que o aluno considere as mudanças ocorridas neste período para a construção da sua resposta.

CAPÍTULO 3

ATIVIDADES DE AUTOAVALIAÇÃO

[1] A
[2] C
[3] B
[4] B
[5] C

ATIVIDADES DE APRENDIZAGEM

QUESTÕES PARA REFLEXÃO

[1] Nesta resposta o aluno deverá traçar um paralelo entre o ensino e a aprendizagem da geografia com as teorias da aprendizagem que ele encontre no texto e/ou que tenha conhecimento.

Espera-se que nesta resposta o aluno consiga estabelecer a necessidade de reflexão e participação docente na construção dos currículos escolares.

CAPÍTULO 4

ATIVIDADES DE AUTOAVALIAÇÃO

[1] C
[2] D
[3] C
[4] C
[5] C

ATIVIDADES DE APRENDIZAGEM

QUESTÕES PARA REFLEXÃO

[1] O aluno deverá elaborar uma frase-título sobre o processo de globalização. Para isso, ele deverá transmitir as sua ideias sobre este processo, contextualizando com a realidade local.

[2] O aluno deverá demonstrar o conhecimento acerca dos elementos da globalização e de como ela afeta o nosso cotidiano. Para isso, ele deverá listar exemplos e apontar argumentos para as suas respostas.

CAPÍTULO 5

ATIVIDADES DE AUTOAVALIAÇÃO

[1] D
[2] A
[3] C
[4] B
[5] A

ATIVIDADES DE APRENDIZAGEM

QUESTÕES PARA REFLEXÃO

[1] O aluno deverá observar os livros didáticos de geografia e verificar a consistência da alfabetização cartográfica neles enfocados.
[2] Nesta resposta, o aluno deverá falar de outras situações nas quais a experiência da alfabetização (iniciação) cartográfica pode ser presenciada. Ex.: mapa da vizinhança do colégio, maquete das casas e etc.

CAPÍTULO 6

ATIVIDADES DE AUTOAVALIAÇÃO

[1] A
[2] B
[3] B
[4] D
[5] B

ATIVIDADES DE APRENDIZAGEM

QUESTÕES PARA REFLEXÃO

[1] Espera-se que o aluno consiga estabelecer a relação da produção do conhecimento com o educando, deixando, assim, com este de ter um papel passivo para passar a ter um papel ativo no processo de ensino e aprendizagem.

[2] Nesta resposta o aluno deverá demonstrar conhecer que as possibilidades metodológicas vão muito além das pontuadas neste documento, considerando-se, assim, a sua criatividade nesse quesito.

sobre os autores

Diogo Labiak Neves é licenciado e bacharel em Geografia pela Universidade Federal do Paraná (UFPR) e mestre em Geografia também por essa universidade.

Foi professor da rede estadual de ensino do Paraná, atuando no ensino básico, médio e pós-médio (técnico profissionalizante).

Foi professor da rede privada de ensino no Estado do Paraná, atuando no ensino básico.

Atualmente é docente (presencial e EaD) de graduação (licenciatura/bacharelado) e pós-graduação em diversos cursos do Grupo Educacional Uninter, sempre ministrando disciplinas ligadas à área da geografia. Tem atuado como professor da disciplina de teoria e prática de ensino de geografia, entre outras, no curso presencial de Pedagogia desde 2009.

Maria Eneida Fantin é licenciada e bacharel em Geografia pela Universidade Federal do Paraná (UFPR), na qual cursou a especialização em Antropologia Social. Em 2003, concluiu o mestrado em Tecnologia, na linha Tecnologia e Trabalho, na Universidade Tecnológica Federal do Paraná (UTFPR), em Curitiba.

Foi professora substituta no curso de Geografia da Universidade Estadual de Londrina (UEL) e no Departamento de Teoria e Prática de Ensino da UFPR, no qual ministrou a disciplina de metodologia do ensino de geografia para os cursos de Geografia e Pedagogia.

É também professora da rede estadual de educação, na qual atuou no ensino fundamental, no ensino médio e no curso de formação de professores em nível médio durante 14 anos. Atualmente exerce a coordenação pedagógica do Departamento de Educação Básica da Secretaria de Estado da Educação, cargo que ocupou até 2010, quando voltou a assumir suas aulas na educação básica.

Neusa Maria Tauscheck é licenciada em Geografia pela Universidade Federal do Paraná (UFPR). Possui especialização em Metodologia do Ensino de Primeiro e Segundo Graus pela Faculdade Espírita e mestrado em Educação, na linha de Currículo, pela UFPR.

Foi professora da rede municipal de ensino de Curitiba e participou da equipe de geografia na elaboração e implementação do Currículo Básico de Curitiba entre 1990 e 1994.

Foi professora substituta do Departamento de Teoria e Prática de Ensino da UFPR, onde ministrou a disciplina de metodologia do ensino de geografia no ano de 1996 e entre o período de 2002 e 2004.

Exerceu a função de técnica pedagógica do Departamento de Ensino Médio da Secretaria Estadual de Educação do Paraná entre 2003 e 2005.

Atuou como professora de teoria e prática de ensino de geografia no curso presencial de Pedagogia da Faculdade do Centro Universitário Uninter até 2009.

Atualmente é professora da rede estadual de Ensino do Paraná, na qual atua no curso de Formação de Docentes em nível médio desde o ano de 1993.

Os papéis utilizados neste livro, certificados por instituições ambientais competentes, são recicláveis, provenientes de fontes renováveis e, portanto, um meio responsável e natural de informação e conhecimento.

FSC
www.fsc.org
MISTO
Papel produzido a partir de fontes responsáveis
FSC® C074432

Impressão: Maxi Gráfica
Junho / 2018